Eerste paperback editie september 2021.

ISBN 9798486794483 gedrukt

Introductie

Bitcoin: Answered is een poging om het gefragmenteerde web van informatie rond Bitcoin te ontwarren dat door het grote publiek wordt ontvangen. Ongeacht de persoonlijke houding ten opzichte van cryptocurrencies en Bitcoin (waarvan de meeste, voor degenen die niet zijn bestudeerd, ofwel overdreven optimistisch of overdreven cynisch zijn), groeit het bereik van cryptocurrency in zo'n tempo en wordt het in zo'n tempo in het financiële ecosysteem geïnstalleerd, dat het niet begrijpen van de basisgeschiedenis, concepten en haalbaarheid van Bitcoin veel schadelijker is dan niet. Hopelijk vindt u deze informatie heel fascinerend; Bitcoin was de eerste van een geheel nieuwe manier van denken over geld en het verhandelen van waarde. Aan het einde begrijpt u de reikwijdte van Bitcoin, digitale valuta en blockchain; Veel van deze systemen zijn, zoals moet worden opgemerkt, alleen vergelijkbaar in de meest losse betekenissen, en de potentiële en toepasselijke gebruiksscenario's van dergelijke technologie zijn behoorlijk verbazingwekkend, vooral gezien het feit dat het ecosysteem van fiat-valuta weinig is veranderd sinds de verwijdering van valuta's uit de goudstandaard een halve eeuw geleden. Het is gewoon verkeerd om alle cryptocurrencies te zien als Bitcoin en Bitcoin als een marginale bubbel; Ja, Bitcoin is verre van perfect, maar er is zoveel meer aan de hand met wat in wezen de digitalisering en decentralisatie van waarde is. Dit boek behandelt al deze concepten en meer door middel van een eenvoudig, op vragen gebaseerd formaat, te beginnen met "wat is Bitcoin?" Voel je vrij om naar eigen inzicht te bladeren, of om van kaft tot kaft te lezen; Hoe dan ook, mijn hoop en de hoop van mijn team is dat je dit boek verlaat met een goed begrip van Bitcoin vanuit een sentimenteel, technisch, historisch en conceptueel standpunt, evenals naast een voortdurende interesse en verlangen om meer te leren. Verdere bronnen zijn te vinden achterin het boek.

Nu gaan we verder, in het nobele streven naar kennis.
Geniet van het boek.

Wat is Bitcoin?

Bitcoin is veel dingen: een open-source, peer-to-peer wereldwijd computernetwerk, een verzameling protocollen, een digitaal goud, de voorhoede van een nieuwe emmer met technologie, een cryptocurrency. In het fysieke; Bitcoin bestaat uit 13.000 computers met verschillende protocollen en algoritmen. In concept is Bitcoin een wereldwijd middel voor gemakkelijke en veilige transacties; een democratiserende kracht en een middel voor zowel transparante als anonieme financiering. In de brug tussen fysiek en conceptueel is Bitcoin een cryptocurrency; een middel en waardeopslag die puur online bestaat, zonder enige fysieke vorm. Dit alles is echter als het stellen van de vraag "wat is geld?" en het beantwoorden van "stukjes papier". Iemand die niet bekend is met Bitcoin en de bovenstaande paragraaf leest, zal vrijwel zeker met meer vragen dan antwoorden wegkomen; om deze reden is de vraag "wat is Bitcoin?" in wezen de vraag van dit boek, en door een analyse van elk onderdeel kunt u hopelijk tot een begrip van het geheel komen.

Wie is er begonnen met Bitcoin?

Satoshi Nakamoto is het individu, of mogelijk de groep individuen, die Bitcoin heeft gemaakt. Er is niet veel bekend over deze mysterieuze figuur en zijn anonimiteit heeft talloze complottheorieën voortgebracht. Hoewel Nakamoto zichzelf heeft vermeld als een 45-jarige man uit Japan op een officiële website van peer-to-peer-stichtingen, gebruikt hij Britse uitdrukkingen in zijn e-mails. Bovendien komen de tijdstempels van zijn werk beter overeen met iemand die in de VS of het VK is gevestigd. De meesten geloven dat zijn verdwijning gepland was (velen hebben zijn werk in verband gebracht met bijbelse verwijzingen) en anderen geloven dat een overheidsorganisatie, zoals de CIA, verband hield met zijn verdwijning. Dit zijn niets meer dan marginale theorieën; wat echter een feit blijft, is dat de maker van Bitcoin momenteel een fortuin bezit ter waarde van meer dan $ 70 miljard (gelijk aan 1,1 miljoen bitcoins) en als Bitcoin nog een paar honderd procent stijgt, zal deze anonieme miljardair, de vader van cryptocurrency, de rijkste persoon ter wereld zijn.

```
                Bitcoin Genesis Block
                  Raw Hex Version

00000000  01 00 00 00 00 00 00 00  00 00 00 00 00 00 00 00   ................
00000010  00 00 00 00 00 00 00 00  00 00 00 00 00 00 00 00   ................
00000020  00 00 00 00 3B A3 ED FD  7A 7B 12 B2 7A C7 2C 3E   ....;£íý.z{.²zÇ,>
00000030  67 76 8F 61 7F C8 1B C3  88 8A 51 32 3A 9F B8 AA   gv.a.È.Ã.ŠQ2:Ÿ¸ª
00000040  4B 1E 5E 4A 29 AB 5F 49  FF FF 00 1D 1D AC 2B 7C   K.^J)«_Iÿÿ...¬+|
00000050  01 01 00 00 00 01 00 00  00 00 00 00 00 00 00 00   ................
00000060  00 00 00 00 00 00 00 00  00 00 00 00 00 00 00 00   ................
00000070  00 00 00 00 00 00 FF FF  FF FF 4D 04 FF FF 00 1D   ......ÿÿÿÿM..ÿÿ..
00000080  01 04 45 54 68 65 20 54  69 6D 65 73 20 30 33 2F   ..EThe Times 03/
00000090  4A 61 6E 2F 32 30 30 39  20 43 68 61 6E 63 65 6C   Jan/2009 Chancel
000000A0  6C 6F 72 20 6F 6E 20 62  72 69 6E 6B 20 6F 66 20   lor on brink of
000000B0  73 65 63 6F 6E 64 20 62  61 69 6C 6F 75 74 20 66   second bailout f
000000C0  6F 72 20 62 61 6E 6B 73  FF FF FF FF 01 00 F2 05   or banksÿÿÿÿ..ò.
000000D0  2A 01 00 00 00 43 41 04  67 8A FD B0 FE 55 48 27   *....CA.gŠý°þUH'
000000E0  19 67 F1 A6 71 30 B7 10  5C D6 A8 28 E0 39 09 A6   .gñ¦q0·.\Ö¨(à9.¦
000000F0  79 62 E0 EA 1F 61 DE B6  49 F6 BC 3F 4C EF 38 C4   ybàê.aÞ¶Iö¼?Lï8Ä
00000100  F3 55 04 E5 1E C1 12 DE  5C 38 4D F7 BA 0B BD 57   óU.å.Á.Þ\8M÷º.½W
00000110  8A 4C 70 2B 6B F1 1D 5F  AC 00 00 00 00            ŠLp+kñ._¬....
```
[1]

De bovenstaande afbeelding vertegenwoordigt het genesisblok (wat "eerste" betekent) van Bitcoin. De oprichter(s) van Bitcoin, Satoshi Nakamoto, voerden een bericht in de code in dat als volgt luidt: "The Times 03/Jan/2009 Chancellor on brink of second bailout for banks."

Wie is de eigenaar van Bitcoin?

Het idee dat Bitcoin "eigendom" is, is alleen correct in de meest gedistribueerde zin. Ongeveer 20 miljoen mensen bezitten gezamenlijk alle Bitcoin in de wereld, maar Bitcoin zelf, als netwerk, kan geen eigendom zijn.[2]

---

[2] Technisch gezien bezitten 20,5 miljoen mensen over de hele wereld ten minste $ 1 in Bitcoin.

Wat is de geschiedenis van Bitcoin?

Dit is een korte geschiedenis van cryptocurrency, blockchain en Bitcoin.

- In 1991 werd voor het eerst een cryptografisch beveiligde keten van blokken geconceptualiseerd.

- Bijna tien jaar later, in 2000, publiceerde Stegan Knost zijn theorie over cryptografie beveiligde ketens, evenals ideeën voor praktische implementatie.

- 8 jaar later bracht Satoshi Nakamoto een whitepaper uit (een whitepaper is een grondig rapport en gids) waarin een model voor een blockchain werd vastgesteld, en in 2009 implementeerde Nakamoto de eerste blockchain, die werd gebruikt als het grootboek voor transacties die werden gedaan met behulp van de cryptocurrency die hij ontwikkelde, genaamd Bitcoin.

- Ten slotte werden in 2014 use cases (use cases zijn specifieke situaties waarin een product of dienst mogelijk kan worden gebruikt) voor blockchain en blockchain-netwerken ontwikkeld buiten cryptocurrency, waardoor de mogelijkheden van Bitcoin voor de rest van de wereld werden geopend.

Hoeveel Bitcoins zijn er?

Bitcoin heeft een maximale voorraad van 21 miljoen munten. Vanaf 2021 zijn er 18,7 miljoen Bitcoins in omloop, wat betekent dat er nog maar 2,3 miljoen over zijn om in omloop te brengen. Van dat aantal worden elke dag 900 nieuwe Bitcoin toegevoegd aan het circulerende aanbod door middel van mining-beloningen.[3] Mining-beloningen zijn de beloningen die worden gegeven aan computers die complexe vergelijkingen oplossen om Bitcoin-transacties te verwerken en te verifiëren. De mensen die deze computers beheren, worden 'miners' genoemd. Iedereen kan beginnen met Bitcoin-mining; zelfs een eenvoudige pc kan een knooppunt worden, wat een computer in het netwerk is, en beginnen met minen.

---

[3] "Hoeveel Bitcoins zijn er? Hoeveel zijn er nog over om te mijnen? (2021)." https://www.buybitcoinworldwide.com/how-many-bitcoins-are-there/.

Hoe werkt Bitcoin?

Bitcoin, en vrijwel alle cryptocurrencies, werken via Blockchain-technologie.

Blockchain, in zijn meest basale vorm, kan worden gezien als het opslaan van gegevens in letterlijke ketens van blokken. Laten we eens kijken hoe blokken en kettingen precies in het spel komen.

- Elk blok slaat digitale informatie op, zoals de tijd, datum, bedrag, enz. van transacties.

- Het blok weet welke partijen hebben deelgenomen aan een transactie door gebruik te maken van uw "digitale sleutel", een reeks cijfers en letters die u ontvangt wanneer u een portemonnee opent die uw crypto bevat.

- Blokken kunnen echter niet op zichzelf werken. Blokken moeten worden geverifieerd door andere computers, ook wel "knooppunten" in het netwerk genoemd.

- De andere nodes valideren de informatie van één blok. Zodra ze de gegevens hebben gevalideerd en als alles er goed uitziet, worden het blok en de gegevens die het bevat opgeslagen in het grootboek.

- Het grootboek is een database die elke goedgekeurde transactie registreert die ooit op het netwerk is gedaan. De meeste cryptocurrencies, waaronder Bitcoin, hebben hun eigen grootboek.

- Elk blok in het grootboek is gekoppeld aan het blok dat ervoor kwam en het blok dat erna kwam. Vandaar dat de schakels die de blokken vormen een kettingachtig patroon creëren. Daarom wordt een blockchain gevormd.

Samenvatting: Het **blok** vertegenwoordigt digitale informatie en de **keten** geeft aan hoe die gegevens in de database zijn opgeslagen.

Dus, om onze eerdere definitie samen te vatten, blockchain is een nieuw type database. Hieronder vindt u een gevisualiseerde uitsplitsing van elk blok in het netwerk.

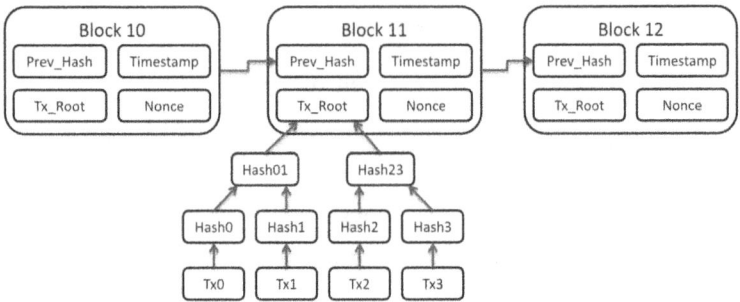

Wat zijn Bitcoin-adressen?

Een adres, ook wel publieke sleutel genoemd, is een unieke verzameling cijfers en letters die fungeren als identificatiecode, vergelijkbaar met een bankrekeningnummer of een e-mailadres (bijvoorbeeld: 1BvBESEystWetqTFn3Au6u4FGg7xJaAQN5). Hiermee kun je transacties uitvoeren op de blockchain. Adressen maken verbinding met een basisblockchain; een Bitcoin-adres ligt bijvoorbeeld op het Bitcoin-netwerk en de blockchain. Adressen hebben ronde, kleurrijke 'logo's' die adres-identicons (of, eenvoudigweg, 'pictogrammen') worden genoemd. Met deze pictogrammen kunt u snel zien of u al dan niet een correct adres invoert. Elke keer dat u cryptocurrency verzendt of ontvangt, gebruikt u een bijbehorend adres. Adressen kunnen echter geen activa opslaan; Ze dienen slechts als identificatiegegevens die naar portefeuilles verwijzen.

Bitcoin Address

SHARE

1DpQP4yKSGWXWrXNkm1YNYBTqEweuQcyYg

Private Key

SECRET

L4NhQX1DFJpFAJJYAHKkpukerqxtjF1XhvR5J2PQcnDparA2vD9M [5]

---

[5] bitaddress.org

Wat is een Bitcoin-knooppunt?

Een node is een computer die is aangesloten op het netwerk van een blockchain, die de blockchain helpt bij het schrijven en valideren van blokken. Sommige nodes downloaden een hele geschiedenis van hun blockchain; Deze worden masternodes genoemd en voeren meer taken uit dan gewone nodes. Bovendien zijn knooppunten op geen enkele manier gebonden aan een specifiek netwerk; Nodes kunnen praktisch naar believen overschakelen naar verschillende blockchains, zoals het geval is bij multipool mining. Gezamenlijk wordt het hele gedistribueerde karakter van Bitcoin en cryptocurrencies, evenals veel van de onderliggende blockchain- en beveiligingsfuncties, mogelijk gemaakt door het concept en het gebruik van een wereldwijd, op knooppunten gebaseerd systeem.

Wat is steun en weerstand voor Bitcoin?

Hier gaan we dieper in op technische analyse en de handel in Bitcoin: ondersteuning is de prijs van een munt of token waarbij dat activum minder snel zal mislukken, omdat veel mensen bereid zijn het activum tegen die prijs te kopen. Als een munt ondersteuningsniveaus bereikt, zal deze vaak omkeren in een opwaartse trend. Dit is meestal een goed moment om de munt te kopen, maar als de prijs onder het ondersteuningsniveau daalt, zal de munt waarschijnlijk verder dalen naar een ander ondersteuningsniveau. Weerstand, aan de andere kant, is een prijs die een actief moeilijk kan doorbreken, omdat veel mensen dat een goede prijs vinden om tegen te verkopen. Soms kunnen weerstandsniveaus fysiologisch zijn. Bitcoin kan bijvoorbeeld weerstand bereiken bij $ 50.000, omdat veel mensen dachten "wanneer bitcoin $ 50.000 bereikt, zal ik verkopen." Wanneer een weerstandsniveau wordt doorbroken, kan de prijs vaak snel stijgen. Als bitcoin bijvoorbeeld voorbij de $ 50.000 breekt, kan de prijs snel stijgen naar $ 55.000, waarna het meer weerstand kan ondervinden en

$ 50.000 dan het nieuwe ondersteuningsniveau kan worden.

Support And Resistance

6

[6] Gebaseerd op een CC BY-SA 4.0-afbeelding door Akash98887
File:Support_and_resistance.png

Hoe lees je een Bitcoin-grafiek?

Dit is een grote vraag; om te antwoorden, zal het volgende gedeelte bedoeld zijn om de meest populaire soorten grafieken op te splitsen die worden gebruikt om Bitcoin en andere cryptocurrencies te lezen, evenals hoe dergelijke grafieken moeten worden gelezen.

Grafieken vormen de basis waarmee prijzen kunnen worden onderzocht en patronen kunnen worden gevonden. Grafieken zijn aan de ene kant eenvoudig en aan de andere kant diep en complex. We beginnen met de basis; verschillende soorten grafieken en hun verschillende toepassingen.

Lijn Grafiek

Een lijndiagram is een grafiek die de prijs weergeeft door middel van één enkele lijn. De meeste grafieken zijn lijndiagrammen omdat ze uiterst gemakkelijk te begrijpen zijn, hoewel ze minder informatie bevatten dan populaire alternatieven. Robinhood en Coinbase (die beide hun diensten richten op minder ervaren beleggers) hebben lijndiagrammen als standaard grafiektype, terwijl instellingen die gericht zijn op een meer ervaren publiek, zoals Charles Schwab en Binance, standaard andere grafiekvormen gebruiken.

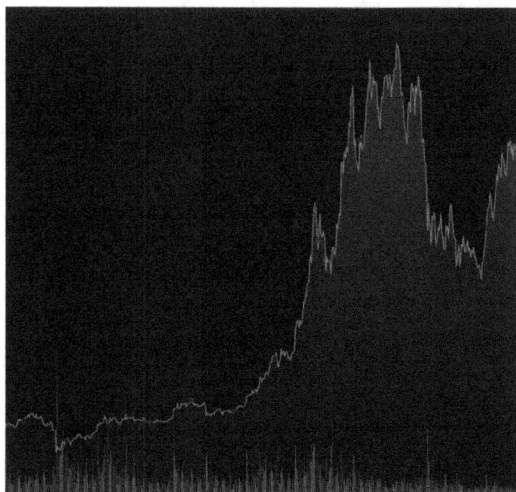

(tradingview.com) Lijndiagram

Kandelaar Grafiek

Kandelaargrafieken zijn een veel nuttigere vorm om informatie over een munt weer te geven; Dergelijke grafieken zijn de favoriete grafiek van de meeste beleggers. Binnen een bepaalde periode hebben kandelaargrafieken een breed "echt lichaam" en worden ze meestal weergegeven als rood of groen (een ander veelvoorkomend kleurenschema is leeg/wit en gevuld/zwart echte lichamen). Als het rood is (ingevuld), was de sluiting lager dan de opening (wat betekent dat deze naar beneden ging). Als het echte lichaam groen (leeg) is, was de sluiting hoger dan de open (wat betekent dat het omhoog ging). Boven en onder de echte lichamen bevinden zich de 'lonten', ook wel 'schaduwen' genoemd. Wieken tonen de hoge en lage prijzen van de handel in die periode. Dus, als we combineren wat we weten, als de bovenste lont (ook bekend als de bovenste schaduw) zich dicht bij het echte lichaam bevindt, hoe hoger de munt of token die gedurende de dag wordt bereikt, in de buurt van de slotkoers ligt. Het omgekeerde geldt dus ook. Je moet een goed begrip hebben van kandelaargrafieken, dus ik raad je aan een site als tradingview.com te bezoeken om je op je gemak te voelen.

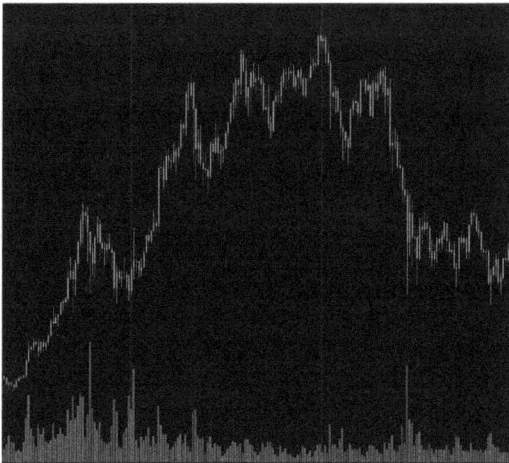

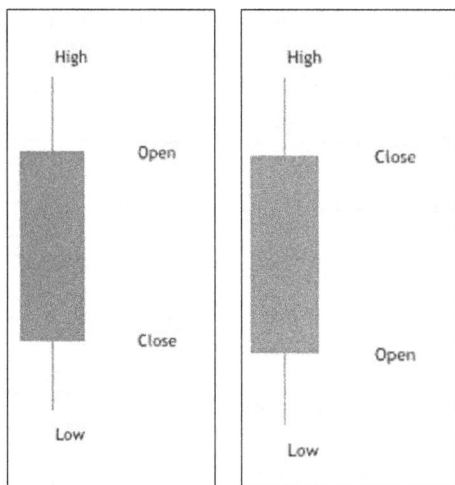

Kandelaar Grafiek

Renko Grafiek

Renko-grafieken tonen alleen prijsbewegingen en negeren tijd en volume. Renko komt van de Japanse term 'renga', wat 'bakstenen' betekent. Renko-kaarten gebruiken stenen (ook wel dozen genoemd), meestal rood/groen of wit/zwart. Renko-vakken vormen zich alleen in de rechterbovenhoek of rechterbenedenhoek van het volgende vak, en het volgende vak kan zich alleen vormen als de prijs de boven- of onderkant van het vorige vak passeert. Als het vooraf gedefinieerde bedrag bijvoorbeeld "$ 1" is (zie dit als vergelijkbaar met tijdsintervallen op kandelaargrafieken), dan kan het volgende vakje zich pas vormen als het $ 1 boven of $ 1 onder de prijs van het vorige vakje passeert. Deze grafieken vereenvoudigen en "strijken" trends glad in gemakkelijk te begrijpen patronen, terwijl willekeurige prijsactie wordt verwijderd. Dit kan het uitvoeren van technische analyses vergemakkelijken, omdat patronen zoals steun- en weerstandsniveaus veel duidelijker worden weergegeven.

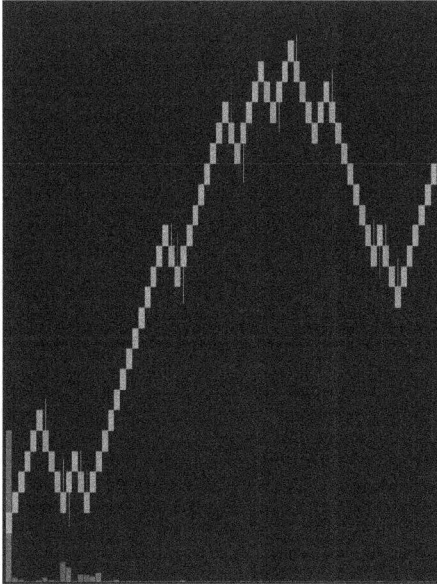

Punt- en figuurdiagram

Hoewel punt- en figuurgrafieken (P&F) niet zo bekend zijn als de andere op deze lijst, hebben ze wel een lange geschiedenis en een reputatie als een van de eenvoudigste grafieken die worden gebruikt om goede in- en uitstappunten te identificeren. Net als Renko-grafieken houden P&F-grafieken niet direct rekening met het verstrijken van de tijd. In plaats daarvan zijn X-en en O's in kolommen gestapeld; elke letter vertegenwoordigt een gekozen prijsbeweging (net als de blokken in Renko-grafieken). X-en staan voor een stijgende prijs en Os voor een dalende prijs. Kijk naar deze volgorde:

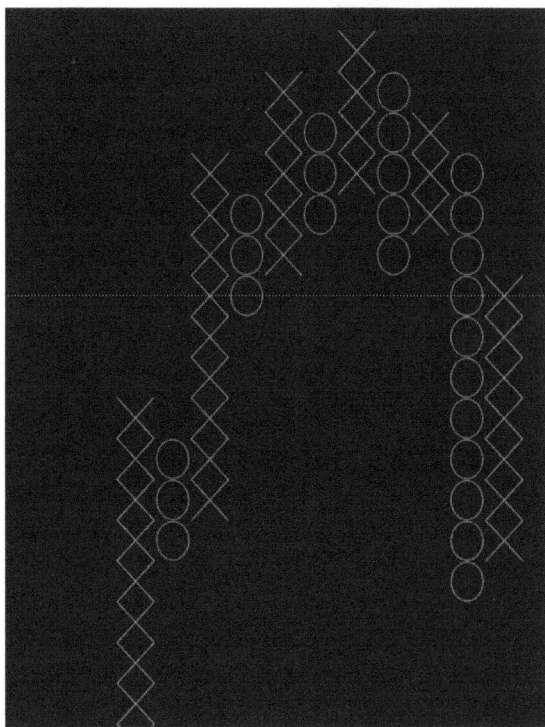

Laten we zeggen dat de gekozen prijsbeweging $ 10 is. We moeten linksonder beginnen: de 3 X'en geven aan dat de prijs $ 30 is gestegen, de 2 O's betekenen een daling van $ 20 en de laatste 2 X-en vertegenwoordigen een stijging van $ 20. Tijd doet er niet toe.

Heiken-Ashi Grafiek

Heikin-Ashi (hik-in-aw-she) grafieken zijn een eenvoudigere, afgevlakte versie van kandelaargrafieken. Ze werken bijna op dezelfde manier als kandelaargrafieken (kaarsen, lonten, schaduwen, enz.), behalve dat HA-grafieken de prijsgegevens over twee perioden gladstrijken in plaats van één. Dit maakt Heikin-Ashi in wezen de voorkeur boven veel handelaren ten opzichte van kandelaargrafieken, omdat patronen en trends gemakkelijker kunnen worden opgemerkt en valse signalen (kleine, zinloze bewegingen) voor een groot deel worden weggelaten. Dat gezegd hebbende, verdoezelt het eenvoudigere uiterlijk sommige gegevens met betrekking tot kandelaars, wat deels de reden is waarom Heikin-Ashis kandelaars nog niet heeft vervangen. Dus ik stel voor dat je experimenteert met beide soorten grafieken en uitzoekt wat het beste past bij je stijl en je vermogen om trends te onderscheiden.

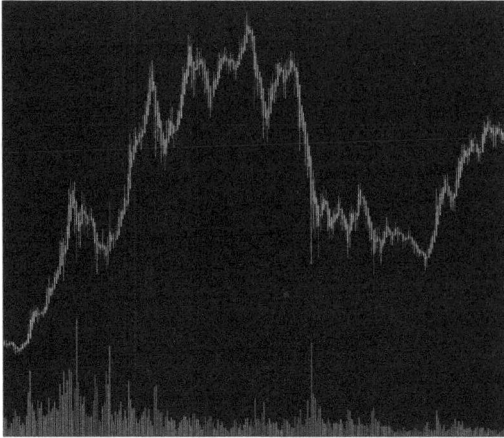

A: Merk op dat de trends op de Heikin-Ashi-grafiek vloeiender en beter waarneembaar zijn dan op de kandelaargrafiek.

Bronnen voor grafieken

TradingView (Handelsweergave)

tradingview.com (beste algemeen, beste sociaal)

CoinMarketCap

coinmarketcap.com (eenvoudig, gemakkelijk)

CryptoWatch

cryptowat.ch (zeer ingeburgerd, het beste voor bots)

CryptoView

cryptoview.com (zeer aanpasbaar)

Grafiek Patroon Classificaties

Grafiekpatronen worden geclassificeerd om snel inzicht te krijgen in de rol en het doel. Hier zijn een paar van dergelijke classificaties:

Bullish

Alle bullish patronen zullen er waarschijnlijk toe leiden dat de uitkomst gunstig is voor de opwaartse kant, dus een bullish patroon kan bijvoorbeeld resulteren in een opwaartse trend van 10%.

Bearish

Alle bearish patronen zullen er waarschijnlijk toe leiden dat de uitkomst gunstig is voor de neerwaartse kant, dus een bearish patroon kan bijvoorbeeld resulteren in een neerwaartse trend van 10%.

Kandelaar

Kandelaarpatronen zijn specifiek van toepassing op kandelaardiagrammen, niet op alle grafieken. Dit komt omdat kandelaarpatronen afhankelijk zijn van informatie die alleen in een kaars (lichaam en lont) formaat kan overkomen.

Aantal bars/kaarsen

Het aantal staven of kaarsen in een patroon is meestal niet meer dan drie.

Voortzetting

Voortzettingspatronen geven aan dat het waarschijnlijker is dat de trend van vóór het patroon zich zal voortzetten. Dus als zich bijvoorbeeld voortzettingspatroon X vormt aan de bovenkant van een opwaartse trend, dan zal de opwaartse trend zich waarschijnlijk voortzetten.

Uitbraak

Een uitbraak is een beweging boven de weerstand of onder de steun. Breakout-patronen geven aan dat een dergelijke beweging waarschijnlijk is. De richting van die uitbraak is specifiek voor het patroon.

Omkering

Een omkering is een verandering in de richting van de prijs. Een omkeringspatroon geeft aan dat de richting van de prijs waarschijnlijk zal veranderen (dus een opwaartse trend zou een neerwaartse trend worden en een neerwaartse trend zou een opwaartse trend worden).

Wat voor soort Bitcoin wallets zijn er?

Er bestaan verschillende categorieën wallets die verschillen in beveiliging, bruikbaarheid en toegankelijkheid:

1. *Papieren portemonnee.* Een papieren portemonnee definieert de opslag van privé-informatie (openbare sleutels, privésleutels en seed phrases) op, zoals de naam al aangeeft, papier. Dit werkt omdat elk openbaar en privé sleutelpaar een portemonnee kan vormen; Er is geen online interface nodig. Fysieke opslag van digitale informatie wordt als veiliger beschouwd dan welke vorm van online opslag dan ook, simpelweg omdat online beveiliging wordt geconfronteerd met een reeks potentiële beveiligingsrisico's, terwijl fysieke activa weinig dreigingen van inbraak ondervinden als ze goed worden beheerd. Om een papieren Bitcoin-portemonnee te maken, kan iedereen bitaddress.org bezoeken om een openbaar adres en een privésleutel te genereren en vervolgens de informatie af te drukken. De QR-codes en toetscombinaties kunnen worden gebruikt om transacties te vergemakkelijken. Gezien de uitdagingen waarmee houders

van papieren portemonnees worden geconfronteerd (waterschade, onopzettelijk verlies, onduidelijkheid) met betrekking tot ultraveilige online opties, worden papieren portemonnees echter niet langer aanbevolen voor gebruik bij het beheren van aanzienlijke cryptocurrency-holdings.

2. *Warme portemonnee/koude portemonnee.* Een hot wallet verwijst naar een wallet die is verbonden met het internet; het tegenovergestelde, cold storage, verwijst naar een wallet die niet is verbonden met het internet. Hot wallets stellen de eigenaar van het account in staat om tokens te verzenden en te ontvangen; Koude opslag is echter veiliger dan warme opslag en biedt veel van de voordelen van papieren portemonnees zonder al te veel risico. De meeste beurzen stellen gebruikers in staat om holdings met een druk op een paar knoppen van hot wallets (wat de standaard is) naar cold wallets te verplaatsen (Coinbase verwijst naar koude/offline opslag als een "kluis"). Het onttrekken van holdings aan koude opslag vereist een paar dagen, wat teruggaat naar de dynamiek van toegankelijkheid versus veiligheid van warme opslag en koude opslag. Als u geïnteresseerd bent in het voor de lange termijn aanhouden van een crypto-activum, is koude opslag binnen uw beurs de juiste keuze. Als u van plan

bent om actief te handelen of deel te nemen aan de handel in holdings, is koude opslag geen haalbare optie.

3. *Hardware portemonnee.* Hardware wallets zijn veilige fysieke apparaten waarop uw privésleutel wordt opgeslagen. Deze optie maakt het mogelijk om een zekere mate van online toegankelijkheid (aangezien hardware wallets het zeer gemakkelijk maken om toegang te krijgen tot holdings) te combineren met een opslagmiddel dat niet is verbonden met internet en daarom veiliger is. Sommige populaire hardware wallets, zoals Ledger (ledger.com) bieden zelfs apps die samenwerken met hardware wallets zonder de veiligheid in gevaar te brengen. Over het algemeen zijn hardware wallets een geweldige optie voor serieuze en langdurige houders, hoewel er rekening moet worden gehouden met fysieke beveiliging; Dergelijke portemonnees, evenals papieren portemonnees, kunnen het beste worden opgeslagen in banken of high-end opslagoplossingen.

Is Bitcoin-mijnbouw winstgevend?

Dat kan het zeker zijn. Het gemiddelde jaarlijkse rendement op de investering voor de verhuur van Bitcoin-mijnwerkers varieert van hoge enkele cijfers tot lage dubbele cijfers, terwijl de ROI voor zelfbeheerde Bitcoin-mijnbouw varieert tussen de dubbele cijfers (om er een getal op te plakken, 20% tot 150% per jaar kan worden verwacht, terwijl 40% tot 80% normaal is). Hoe dan ook, dit rendement verslaat de historische aandelenmarkt- en vastgoedrendementen van 10%. Bitcoin-mijnbouw is echter volatiel en duur, en een reeks factoren beïnvloedt het rendement van elk individu. In de volgende vraag zullen we factoren onderzoeken van de winstgevendheid van Bitcoin-mijnen, die een veel beter inzicht geven in het geschatte rendement, en waarom sommige maanden en mijnwerkers uitzonderlijk goed presteren en andere niet.

Wat beïnvloedt de winstgevendheid van Bitcoin-mijnbouw?

De volgende variabelen zijn essentieel voor het bepalen van de potentiële winstgevendheid van Bitcoin-mining:

Cryptocurrency prijs. De belangrijkste beïnvloedende factor is de prijs van het gegeven cryptocurrency-activum. Een stijging van 2x de Bitcoin-prijs resulteert in 2x de mijnwinst (omdat de hoeveelheid Bitcoin die wordt verdiend hetzelfde blijft, terwijl de equivalente waarde verandert), terwijl een daling van 50% resulteert in de helft van de winst. Gezien de volatiele aard van cryptocurrencies en vooral die van Bitcoin, moet rekening worden gehouden met de prijs. Over het algemeen echter, als u op de lange termijn in Bitcoin en cryptocurrencies gelooft, zouden prijsveranderingen geen invloed op u moeten hebben, aangezien uw focus zou liggen op het opbouwen van eigen vermogen op lange termijn, wat alleen kan veranderen volgens andere factoren op deze lijst.

Hash Rate en moeilijkheidsgraad. HashRate is de snelheid waarmee vergelijkingen worden opgelost en blokken worden gevonden. De hash-snelheid voor miners komt ongeveer overeen met de inkomsten, en meer miners die het systeem betreden (waardoor de hash-snelheid van het netwerk en de bijbehorende mining "moeilijkheidsgraad" toenemen, wat een maatstaf is die beschrijft hoe moeilijk het is om blokken te minen), verwatert het hash-aandeel per miner en dus de winstgevendheid. Op deze manier drijft concurrentie de winst naar beneden door moeilijkheidsgraad en hash-snelheid.

Prijs van elektriciteit. Naarmate het mijnbouwproces moeilijker wordt, neemt ook de elektriciteitsbehoefte toe. De prijs van elektriciteit kan een belangrijke speler worden in de winstgevendheid.

Halveren. Elke 4 jaar halveren de blokbeloningen die in Bitcoin zijn geprogrammeerd om de instroom en het totale aanbod van munten stapsgewijs te verminderen. Momenteel (sinds 13 mei 2020 en tot 2024) zijn de miner rewards 6,25 bitcoin per blok. In 2024 zullen de blokbeloningen echter dalen tot 3.125 bitcoin per blok, enzovoort. Op deze manier moeten de mijnbeloningen op lange termijn dalen, tenzij de waarde van elke munt evenveel of meer in waarde stijgt als de daling van de blokbeloningen.

Hardware kosten. Natuurlijk speelt de werkelijke prijs van de hardware die nodig is om Bitcoin te minen een grote rol in de winst en ROI. Mining kan eenvoudig worden ingesteld op normale pc's (als je er een hebt, kijk dan eens nicehash.com); dat gezegd hebbende, het opzetten van volledige rigs brengt de kosten met zich mee van moederborden, CPU's, grafische kaarten, GPU's, RAM, ASIC's en meer. De gemakkelijke uitweg is gewoon om kant-en-klare rigs te kopen, maar hiervoor moet je een premie betalen. Zelf maken bespaart geld, maar vereist ook technische kennis; Over het algemeen kosten doe-het-zelf-opties minstens $ 3,000, maar over het algemeen dichter bij $ 10,000. Al deze hardwarefactoren moeten in overweging worden genomen om een goede schatting te maken van het potentiële rendement in de snel veranderende omgeving van Bitcoin en cryptocurrency-mining.

Om deze vraag af te ronden: de variabelen die de winstgevendheid van mijnbouw beïnvloeden zijn talrijk en onderhevig aan snelle veranderingen, en potentiële inkomsten zijn bevooroordeeld in de richting van grote boerderijen met toegang tot goedkope elektriciteit. Dat gezegd hebbende, cryptomining is zeker nog steeds zeer winstgevend, en de rendementen (exclusief het potentieel van een marktbrede ineenstorting) zijn en zullen waarschijnlijk nog geruime tijd ver boven de verwachte beursrendementen of van normale rendementen in de meeste andere activaklassen blijven.

Zijn er echte, fysieke Bitcoins?

Er zijn geen fysieke Bitcoin en zullen er waarschijnlijk ook nooit zijn; Het wordt niet voor niets een "digitale valuta" genoemd. Dat gezegd hebbende, zal de toegankelijkheid van Bitcoin in de loop van de tijd toenemen door betere uitwisselingen, Bitcoin-geldautomaten, Bitcoin-debet- en creditcards en andere diensten. Hopelijk zullen Bitcoin en andere cryptocurrencies op een dag net zo gemakkelijk te gebruiken zijn als fysieke valuta.

Is Bitcoin wrijvingsloos?

Een frictieloze markt is een ideale handelsomgeving waarin er geen kosten of beperkingen op transacties zijn. De markt van Bitcoin (bestaande uit paren), hoewel op weg naar wrijvingsloos (vooral met betrekking tot wereldwijde geldoverdracht), is er nog niet echt geweest.

HTTPS://LibertyTreeCS.New   YorkPet.org/2016/03/Is-Bitcoin-Really-Frictionless/

Gebruikt Bitcoin ezelsbruggetjes?

Een ezelsbruggetje is een equivalente term voor een seed phrase; Beide vertegenwoordigen reeksen van 12 tot 24 woorden die portefeuilles identificeren en vertegenwoordigen. Zie het als een backupwachtwoord; Hiermee kunt u nooit de toegang tot uw account verliezen. Aan de andere kant, als je het vergeet, is er geen manier om het te resetten of terug te krijgen en iedereen die het heeft, heeft toegang tot je portemonnee. Alle wallets waarin u Bitcoin kunt houden, gebruiken ezelsbruggetjes; U moet deze zinnen altijd op een veilige en privélocatie bewaren; Op papier is het beste, het beste van alles op papier in een kluis of kluis.

Your Seed Phrase

Your Seed Phrase is used to generate and recover your account.

1. issue	2. flame	3. sample
4. lyrics	5. find	6. vault
7. announce	8. banner	9. cute
10. damage	11. civil	12. goat

Please save these 12 words on a piece of paper. The order is important. This seed will allow you to recover your account.

[7]

Kun je je Bitcoin terugkrijgen als je hem naar het verkeerde adres stuurt?

Een terugbetalingsadres is een portemonnee-adres dat als back-up kan dienen voor het geval de transactie mislukt. Als een dergelijke gebeurtenis zich voordoet, wordt een terugboeking gegeven aan het opgegeven terugbetalingsadres. Als je ooit een terugbetalingsadres moet opgeven, zorg er dan voor dat het adres correct is en dat je het token kunt ontvangen dat je verzendt.

Is Bitcoin veilig?

Bitcoin, bestuurd door een onderliggend blockchain-systeemnetwerk, is om de volgende redenen een van de veiligste systemen ter wereld:

1. *Bitcoin is openbaar.* Bitcoin heeft, net als veel cryptocurrencies, een grootboek dat alle transacties registreert. Aangezien er geen privé-informatie hoeft te worden verstrekt om Bitcoin te bezitten en te verhandelen en alle transactie-informatie openbaar is op de blockchain, hebben indringers niets te hacken of te stelen; het enige alternatief voor het hacken en profiteren van het Bitcoin-netwerk (met uitzondering van menselijke faalpunten, zoals bij uitwisselingsaanvallen en verloren wachtwoorden; we richten ons op Bitcoin zelf) is een 51%-aanval, wat op de schaal van Bitcoin praktisch onmogelijk is. "Openbaar" zijn houdt ook verband met het feit dat Bitcoin geen toestemming heeft; Niemand heeft er controle over, en daarom kan geen enkel subjectief of enkelvoudig gezichtspunt het hele netwerk beïnvloeden (zonder de toestemming van alle anderen in het netwerk).

2. *Bitcoin is gedecentraliseerd.* Bitcoin werkt momenteel via 10.000 knooppunten, die allemaal gezamenlijk dienen om transacties te valideren.[8] Aangezien het hele netwerk transacties valideert, is er geen manier om transacties te wijzigen of te controleren (tenzij, nogmaals, 51% van het netwerk wordt gecontroleerd). Zo'n aanval is, zoals gezegd, praktisch onmogelijk; tegen de huidige prijs van Bitcoin zou een aanvaller tientallen miljoenen dollars per dag moeten uitgeven en een hoeveelheid rekenkracht moeten beheren die simpelweg niet beschikbaar is.[9] Daarom maakt het gedecentraliseerde karakter van gegevensvalidatie Bitcoin extreem veilig.

3. *Bitcoin is onomkeerbaar.* Zodra transacties in het netwerk zijn bevestigd, is het niet mogelijk om ze te wijzigen, aangezien elk blok (een blok is een reeks nieuwe transacties) is verbonden met blokken aan weerszijden ervan, waardoor een onderling verbonden keten wordt gevormd. Eenmaal geschreven, kunnen blokken niet meer worden gewijzigd. De combinatie

---

[8] "Bitnodes: wereldwijde distributie van Bitcoin-knooppunten." https://bitnodes.io/. Geraadpleegd op 30 augustus 2021.

[9] "Je zou $ 21 miljoen nodig hebben om Bitcoin een dag lang aan te vallen - Decrypt." 31 januari 2020, https://decrypt.co/18012/you-would-need-21-million-to-attack-bitcoin-for-a-day. Geraadpleegd op 30 augustus 2021.

van deze twee factoren voorkomt gegevenswijziging en zorgt voor meer veiligheid.

4. *Bitcoin maakt gebruik van het hashing-proces.* Een hash is een functie die de ene waarde omzet in de andere; een hash in de cryptowereld zet een invoer van letters en cijfers (een string) om in een versleutelde uitvoer van een vaste grootte. Hashes helpen bij encryptie omdat het "oplossen" van elke hash achteruit moet werken om een extreem complex wiskundig probleem op te lossen; Daarom is het vermogen om deze vergelijkingen op te lossen puur gebaseerd op rekenkracht. Hashing heeft de volgende voordelen: gegevens worden gecomprimeerd, hash-waarden kunnen worden vergeleken (in tegenstelling tot het vergelijken van gegevens in hun oorspronkelijke vorm) en hashing-functies zijn een van de veiligste en inbreukbestendige manieren van gegevensoverdracht (vooral op schaal).

Zal Bitcoin opraken?

Het hangt ervan af wat je bedoelt met 'opraken'. De hoeveelheid bitcoin die elk jaar aan het netwerk wordt toegevoegd, zal steevast opraken. Op dat moment zullen echter andere leveringsmechanismen (in tegenstelling tot Bitcoin als de mining-beloning) het overnemen en zullen de zaken gewoon doorgaan. In die zin zou Bitcoin nooit op moeten raken.

Wat is het nut van Bitcoin?

De primaire waarde van Bitcoin komt van de volgende toepassingen: als waardeopslag en als middel voor particuliere, wereldwijde en veilige transacties. Dit is in wezen het punt van Bitcoin; een doel dat met succes was uitgevoerd gezien de historische rendementen en de ongeveer 300.000 dagelijkse transacties.

Hoe zou je Bitcoin uitleggen aan een 5-jarige?

Bitcoin is computergeld dat mensen kunnen gebruiken om dingen te kopen en verkopen of om meer geld te verdienen. Bitcoin werkt dankzij blockchain. Blockchain is een hulpmiddel waarmee veel verschillende mensen veilig waardevolle informatie of geld kunnen doorgeven zonder dat iemand anders het voor hen hoeft te doen.

Is Bitcoin een bedrijf?

Bitcoin is geen bedrijf. Het is een netwerk van computers waarop algoritmen draaien. Gezien de progressie van software en hardware in de loop van de tijd en om de antiquatie van Bitcoin te voorkomen, werd bij de oprichting een stemsysteem in het netwerk geïmplementeerd om updates van de code en algoritmen mogelijk te maken. Het stemsysteem is volledig open-source en gebaseerd op consensus, wat betekent dat updates van het systeem die door ontwikkelaars en vrijwilligers worden voorgesteld, streng moeten worden onderzocht door andere geïnteresseerde partijen (aangezien een fout in een update miljoenen geïnteresseerde partijen geld zou kosten), en de update zal alleen worden aangenomen als massale consensus wordt bereikt. De Bitcoin Foundation (bitcoinfoundation.org) heeft verschillende fulltime ontwikkelaars in dienst die werken aan het opstellen van een routekaart voor Bitcoin en het ontwikkelen van updates. Maar nogmaals, iedereen die iets bij te dragen heeft, mag dat doen, en er is geen echt bedrijf of organisatie van toepassing. Bovendien worden gebruikers niet gedwongen om bij te werken als een regelwijziging wordt toegepast; Ze kunnen vasthouden aan elke versie die ze willen. De ideeën achter dit systeem zijn heel wonderbaarlijk; het idee van een onafhankelijk, open-source, op consensus gebaseerd netwerk heeft toepassingen op veel meer gebieden dan alleen die van Bitcoin.

Is Bitcoin een oplichterij?

Bitcoin is per definitie geen oplichterij. Het is een financieel instrument dat is gecreëerd door een team van gevestigde ingenieurs. Het is biljoenen waard, niet te hacken en de oprichter heeft geen bezit verkocht.[10] Dat gezegd hebbende, Bitcoin is zeker manipuleerbaar en zeer volatiel. Veel andere cryptocurrencies op de markt zijn, in tegenstelling tot Bitcoin, oplichterij. Dus doe je onderzoek, investeer in gevestigde munten met gerenommeerde teams en gebruik je gezond verstand.

---

[10] Hoewel Satoshi Nakamoto tientallen miljarden waard is dankzij Bitcoin, heeft hij er geen verkocht (in zijn bekende portemonnee). In combinatie met zijn anonimiteit heeft de oprichter van Bitcoin waarschijnlijk geen grote winst gemaakt met de valuta, althans niet in verhouding tot de tientallen of honderden miljarden die hij bezit.

Kan Bitcoin worden gehackt?

Bitcoin zelf is onmogelijk te hacken, omdat het hele netwerk voortdurend wordt beoordeeld door vele knooppunten (computers) binnen het netwerk, en daarom kan elke aanvaller het systeem alleen echt hacken als hij 51% of meer van de rekenkracht in het netwerk controleert (aangezien de meerderheidscontrole kan worden gebruikt om alles te valideren, of het nu correct is of niet). Gezien de miningkracht achter Bitcoin is dit in wezen onmogelijk. Het zwakke punt in de beveiliging van cryptocurrency zijn echter de portefeuilles van gebruikers; Wallets en exchanges zijn veel makkelijker te hacken. Dus hoewel Bitcoin onmogelijk te hacken is, kan uw Bitcoin worden gehackt door de schuld van een beurs, maar ook door een zwak of per ongeluk gedeeld wachtwoord. Over het algemeen is de kans om gehackt te worden praktisch nihil als u zich aan gevestigde beurzen houdt en een privé, veilig wachtwoord bewaart.

Wie houdt Bitcoin-transacties bij?

Elke node (computer) in het Bitcoin-netwerk houdt een volledige kopie bij van alle Bitcoin-transacties. De informatie wordt gebruikt om transacties te valideren en de veiligheid te waarborgen. Bovendien zijn alle Bitcoin-transacties openbaar en zichtbaar via het Bitcoin-grootboek; U kunt dit zelf bekijken via de volgende link:

https://www.blockchain.com/btc/unconfirmed-transactions

Kan iedereen Bitcoin kopen en verkopen?

Omdat Bitcoin gedecentraliseerd is, kan iedereen kopen en verkopen, ongeacht externe factoren of identiteit. Dat gezegd hebbende, vereisen veel landen dat cryptocurrencies alleen worden verhandeld via gecentraliseerde beurzen (voor belasting- en veiligheidsdoeleinden), waardoor basis-KYC-mandaten nodig zijn, zoals identiteit, SSN, enz. Dergelijke wetten voorkomen dat sommige mensen in crypto investeren en gecentraliseerde beurzen behouden zich het recht voor om accounts om welke reden dan ook te sluiten.

Is Bitcoin anoniem?

Zoals vermeld in de vraag direct hierboven, zorgt het aangeboren systeem dat Bitcoin bestuurt voor volledige persoonlijke anonimiteit; Het enige dat moet worden gedeeld voor een succesvolle transactie, is een portemonnee-adres. Overheidsmandaten hebben het echter in veel landen illegaal gemaakt (het belangrijkste voorbeeld is de VS) om op gedecentraliseerde beurzen te handelen. Daarom blokkeren gecentraliseerde beurzen juridische anonimiteit tijdens het handelen in crypto.

Kunnen de regels van Bitcoin veranderen?

Omdat Bitcoin gedecentraliseerd is, kan het systeem zichzelf niet veranderen. De regels van het netwerk kunnen echter worden gewijzigd door de consensus van Bitcoin-houders. Tegenwoordig updaten open-sourceprojecten Bitcoin als er updates nodig zijn, en doen dit alleen als de wijzigingen worden geaccepteerd door de Bitcoin-gemeenschap.

Moet Bitcoin met een hoofdletter worden geschreven?

Bitcoin als netwerk moet met een hoofdletter worden geschreven. Bitcoin als eenheid mag niet met een hoofdletter worden geschreven. Bijvoorbeeld: "nadat ik over het idee van Bitcoin hoorde, kocht ik 10 bitcoins."

Wat zijn Bitcoin-protocollen?

Een protocol is een systeem of procedure die bepaalt hoe iets moet worden gedaan. Binnen cryptocurrency en Bitcoin zijn protocollen de heersende codelaag. Een beveiligingsprotocol bepaalt bijvoorbeeld hoe beveiliging moet worden uitgevoerd, een blockchain-protocol bepaalt hoe blockchain werkt en werkt, en een Bitcoin-protocol bepaalt hoe Bitcoin functioneert.

Lightning Network Protocol Sui

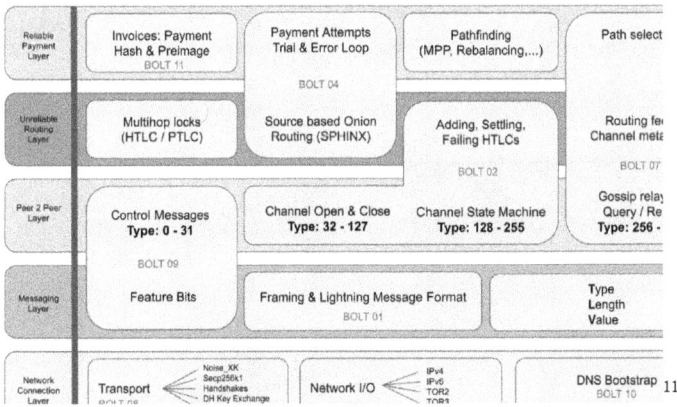

Reliable Payment Layer	Invoices: Payment Hash & Preimage BOLT 11	Payment Attempts Trial & Error Loop BOLT 04	Pathfinding (MPP, Rebalancing,...)	Path select
Unreliable Routing Layer	Multihop locks (HTLC / PTLC)	Source based Onion Routing (SPHINX)	Adding, Settling, Failing HTLCs BOLT 02	Routing fe Channel meta BOLT 07
Peer 2 Peer Layer	Control Messages Type: 0 - 31 BOLT 09	Channel Open & Close Type: 32 - 127	Channel State Machine Type: 128 - 255	Gossip relay Query / Re Type: 256 -
Messaging Layer	Feature Bits	Framing & Lightning Message Format BOLT 01		Type Length Value
Network Connection Layer	Transport Noise_XK Secp256k1 Handshakes DH Key Exchange	Network I/O IPv4 IPv6 TOR2		DNS Bootstrap BOLT 10

*Dit is een voorbeeld van een protocol, bekeken door de lens van het Lightning Network, een Layer-2 betalingsprotocol dat is ontworpen om bovenop munten zoals Bitcoin en Litecoin te werken om snellere

---

[11] Renepick / CC BY-SA 4.0
File:Lightning_Network_Protocol_Suite.png

transacties mogelijk te maken en zo schaalbaarheidsproblemen op te lossen.

Wat is het grootboek van Bitcoin?

Het grootboek van Bitcoin, en alle blockchain-grootboeken, slaan gegevens op over alle financiële transacties die op de gegeven blockchain zijn gedaan. Cryptocurrencies maken gebruik van grootboeken, wat betekent dat het grootboek dat wordt gebruikt om alle transacties vast te leggen, openbaar beschikbaar is. U kunt het grootboek van Bitcoin zien op blockchain.com/explorer.

Hash	Time	Amount (BTC)	Amount (USD)
c3bc0fb2e5f235094f3825ab722ca4dda006c3528db1466012e1395984f8a3ec	12:22	3.40547680 BTC	$170,416.94
80c2a1ab9cc9fc94f382e707840216f3693beb189423840adf189fb2fb150735	12:22	0.52284473 BTC	$26,164.21
f2773b88dd9b10777e0761dd7d8be8e7953b150546b2451cafef5494124a0c9d	12:22	0.03063826 BTC	$1,533.20
e5e5a9676a6494bb68cce67aaf3aee789ef9721729b5424797dcd16eb7345a9a	12:22	0.00151322 BTC	$75.72
5f3bcd4212f05ed0d9ad7be40a97a1b4a6fb3456c7d9926e9b1a5219b7a3f33e	12:22	0.84369401 BTC	$42,220.15
37e7a58509c2b095549c3f865e2dcd3c0a29f47d5987d04ef5cf4b8ce9903611	12:22	0.00153592 BTC	$76.86
ee7a813e2da6c25125a653903828db74303d2efafdf730b0ec2767d8840e1754	12:22	0.00210841 BTC	$105.51
d2259888d076a2723259cc55e7131c3d4622ceba14c37eb51cadd9892f3573c1	12:22	0.00251375 BTC	$125.79
81747951906c4bdb0ce9316e75c13ca1f944c79a6faf240049b2aa2a0aed072f	12:22	1.60242873 BTC	$80,188.77
7f6fa2f84998a07e03a344aed9ddb34282683afeddfcb611f896109b836db11f	12:22	0.00022207 BTC	$11.11
8c9dfdf3b648a1d465d5d2cfcb3185ad91b067d36b4b60b3233d0c78cf850d60	12:22	0.00006000 BTC	$3.00
44ce5a6830641314ff08a30dca209583563c450acedf01f1f72401b9ffbe74	12:22	0.00761070 BTC	$380.85
7e31b6866d546a864819ed19b11d03032141ca429bfbaf899ca73fb82ea9825d	12:22	0.00070666 BTC	$35.36
9fd5d4e37f768c414078c8d2dc8cd48efa8cf00f901d81e81e73a1a874c2beef	12:22	0.00061789 BTC	$30.92
b4dda5555fde5282c1e51fa89e56998e55904b77da969136a62b256aac2960fb	12:22	0.07876440 BTC	$3,941.53
a8f05dce5ca3964bd5fbfb85e52e8a23834597739f1828c368fbc8aba129391a	12:22	1.41705545 BTC	$70,912.32
b80655ba59e4be8d3b22294a86c2f0df577a7e56a9296fafcb62ba3add06b053	12:22	0.30358853 BTC	$15,192.18
e0fb0dcd87c22b2e11ef7eb3852a73da51bca9907d0d631997d6d2e275a410dd8	12:22	0.00712366 BTC	$356.48
f60389c979d4bf66bb32047fbd5efecb046d1f0e09c3c7b2035e5b7b6a852445	12:22	0.00029789 BTC	$14.91
a820e18a7a4538e4cd410f1f9fb2134081f4f699ffe2d24554066389e7befbfbf	12:22	0.79690506 BTC	$39,878.74
cbdc5ef0669d4a243add5c0b8c40d014d4a33a5e01e8eacd3fbcaffc9aba36c2	12:22	0.54677419 BTC	$27,361.68

*Een live weergave van het openbare grootboek van Bitcoin van blockchain.com

Wat voor soort netwerk is Bitcoin?

Bitcoin is een P2P (peer-to-peer) netwerk. Een peer-to-peer-netwerk houdt in dat veel computers met elkaar samenwerken om taken uit te voeren. Peer-to-peer-netwerken vereisen geen centrale autoriteit en zijn een integraal onderdeel van blockchain-netwerken en cryptocurrencies.

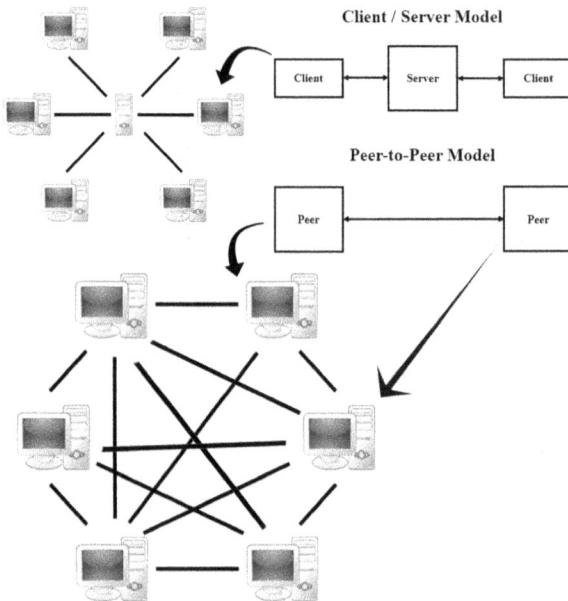

[12] Gemaakt door auteur; Gebaseerd op afbeeldingen uit de volgende bronnen:
Mauro Bieg / GNU GPL / File:Server-based-network.svg
Ludovic Ferre / PDM / File:P2P-network.svg

Kan Bitcoin nog steeds de beste cryptocurrency zijn als het maximale aanbod bereikt?

De voorraad Bitcoin zal inderdaad opraken, maar dat zal in het jaar 2140 gebeuren. Op dat moment zullen alle 21 miljoen BTC in het netwerk zitten en moet er een ander stimulerings- of leveringssysteem worden geïmplementeerd om het voortbestaan van het netwerk voort te zetten. Maar raden of Bitoin de beste cryptocurrency in het jaar 2140 zal zijn, is hetzelfde als vragen in het jaar 1900 hoe 2020 eruit zou zien; Het verschil in technologie is bijna onmogelijk groot en de technologische omgeving in de 22e eeuw is voor iedereen een raadsel.

We zullen het gewoon moeten zien.

Hoeveel geld verdienen Bitcoin-mijnwerkers?

Bitcoin-miners verdienen samen ongeveer $ 45 miljoen per dag en $ 1,9 miljoen per uur (6,25 Bitcoin per blok, 144 blokken per dag). De winst per miner hangt af van hashing-kracht, elektriciteitskosten, poolkosten (indien in een pool), stroomverbruik en hardwarekosten; Online mijnbouwcalculators kunnen de winst schatten op basis van al deze factoren. De meest populaire van deze rekenmachines, geleverd door Nicehash, is te vinden op https://www.nicehash.com/profitability-calculator.

Wat is de blokhoogte van Bitcoin?

De blokhoogte is het aantal blokken in een blockchain. Hoogte 0 is het eerste blok (ook wel het "genesisblok" genoemd), hoogte 1 is het tweede blok, enzovoort; de huidige blokhoogte van Bitcoin is meer dan een half miljoen. De "blokgeneratietijd" van Bitcoin is momenteel ongeveer 10 minuten, wat betekent dat er ongeveer elke 10 minuten een nieuw blok aan de Bitcoin-blockchain wordt toegevoegd.

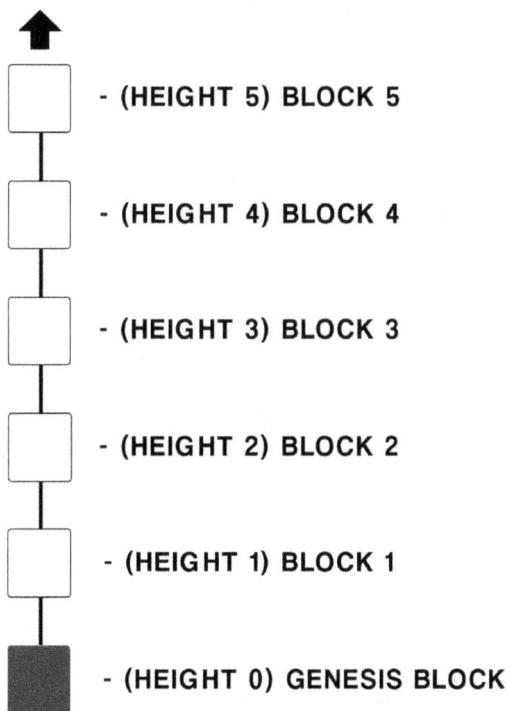

- (HEIGHT 5) BLOCK 5

- (HEIGHT 4) BLOCK 4

- (HEIGHT 3) BLOCK 3

- (HEIGHT 2) BLOCK 2

- (HEIGHT 1) BLOCK 1

- (HEIGHT 0) GENESIS BLOCK

Maakt Bitcoin gebruik van Atomic Swaps?

Een atomic swap is een slimme contracttechnologie waarmee gebruikers twee verschillende munten voor elkaar kunnen inwisselen zonder tussenkomst van een derde partij, meestal een beurs, en zonder te hoeven kopen of verkopen. Gecentraliseerde beurzen, zoals Coinbase, kunnen geen atomic swaps uitvoeren. In plaats daarvan maken gedecentraliseerde uitwisselingen atomic swaps mogelijk en geven ze volledige controle aan eindgebruikers.

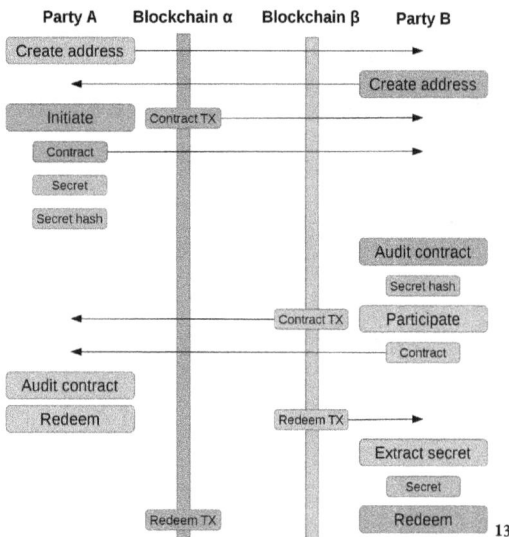

*Visualisatie van een Atomic Swap Workflow.

Wat zijn Bitcoin-mijnpools?

Mining pools, ook wel group mining genoemd, verwijst naar groepen mensen of entiteiten die hun rekenkracht combineren om samen te minen en de beloningen te verdelen. Dit zorgt ook voor consistente, in tegenstelling tot sporadische, inkomsten.

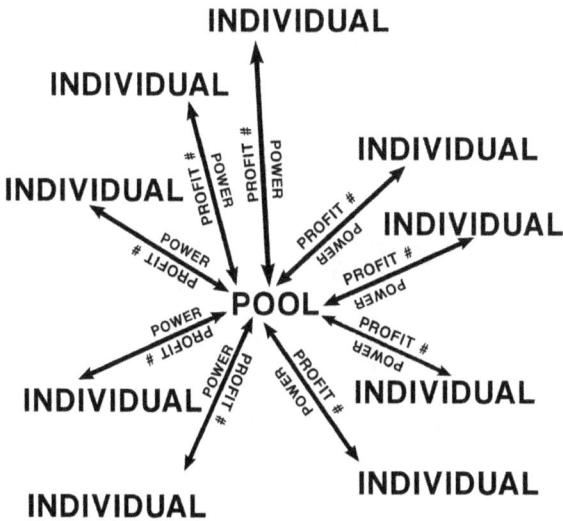

INDIVIDUAL

INDIVIDUAL

INDIVIDUAL

INDIVIDUAL

INDIVIDUAL

POOL

INDIVIDUAL

INDIVIDUAL

INDIVIDUAL

INDIVIDUAL

INDIVIDUAL

INDIVIDUAL

14

Wie zijn de grootste Bitcoin-mijnwerkers?

Figuur 2.3 is een uitsplitsing van de distributie van Bitcoin-mijnwerkers. De grote brokken zijn allemaal mining pools, geen individuele miners, aangezien pools een enorme schaal mogelijk maken (in termen van rekenkracht) door gebruik te maken van een netwerk van individuen. Dit past in wezen het zeer Bitcoin-achtige concept van distributie toe op mijnbouw. De grootste Bitcoin-pools zijn Antpool (een open toegang tot de mijnbouwpool), ViaBTC (bekend als veilig en stabiel), Slush Pool (de oudste mijnbouwpool) en BTC.com (de grootste van de vier).

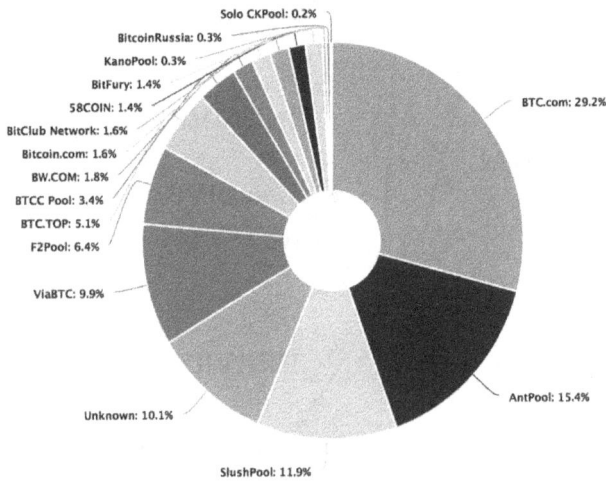

Figuur 2.3: Bitcoin Mining Distributie 3

---

[15] "Bitcoin Mining Distributie 3 | Download het wetenschappelijke diagram." https://www.researchgate.net/figure/Bitcoin-Mining-Distribution-3_fig3_328150068. Geraadpleegd op 2 september 2021.

Is Bitcoin-technologie achterhaald?

Ja, de technologie die Bitcoin aandrijft is verouderd in vergelijking met nieuwere concurrenten. Bitcoin deed baanbrekend werk en fungeerde als een proof-of-concept voor cryptocurrencies, maar zoals met alle technologie, gaat innovatie vooruit en het bijhouden van dergelijke innovatie vereist samenhangende upgrades, die Bitcoin niet heeft gehad. Het Bitcoin-netwerk kan ongeveer 7 transacties per seconde aan, terwijl Ethereum (de op een na grootste cryptocurrency qua marktkapitalisatie) 30 transacties per seconde aankan en Cardano, de op twee na grootste en veel nieuwere cryptocurrency, ongeveer 1 miljoen transacties per seconde aankan. Netwerkcongestie op het Bitcoin-netwerk leidt tot veel hogere kosten. Op deze manier, maar ook in programmeerbaarheid, privacy en energieverbruik, is Bitcoin enigszins achterhaald. Dit betekent niet dat het niet werkt; Dat doet het, het betekent alleen dat er serieuze upgrades moeten worden geïmplementeerd of dat de gebruikerservaring slechter wordt en concurrenten zullen gedijen. Hoe dan ook, Bitcoin heeft een enorme merkwaarde, een enorme schaal van gebruik en acceptatie, en protocollen die de klus op een veilige manier klaren; Dit betekent alleen dat het geen nulsomspel is en waarschijnlijk ook niet zal eindigen in het beste of slechtste scenario. We zullen waarschijnlijk een middenwegscenario zien spelen, waarin Bitcoin problemen blijft ondervinden, oplossingen blijft implementeren en blijft groeien (hoewel de groei op een gegeven moment zal moeten vertragen) naarmate de crypto-ruimte groeit.

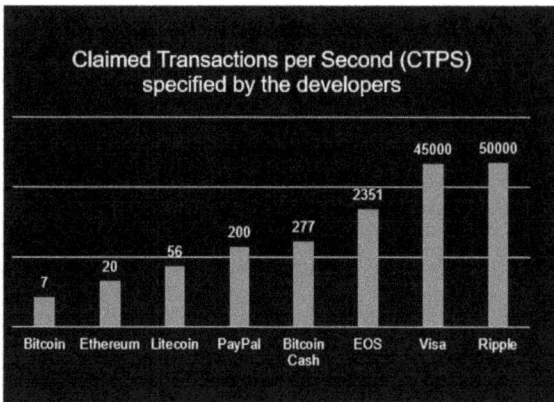

Claimed Transactions per Second (CTPS) specified by the developers

Bitcoin	Ethereum	Litecoin	PayPal	Bitcoin Cash	EOS	Visa	Ripple
7	20	56	200	277	2351	45000	50000

[16] https://investerest.vontobel.com/

[16] "Bitcoin uitgelegd - Hoofdstuk 7: Schaalbaarheid van Bitcoins - Investerest." https://investerest.vontobel.com/en-dk/articles/13323/bitcoin-explained---chapter-7-bitcoins-scalability/. Geraadpleegd op 4 september 2021.

Wat is een Bitcoin-knooppunt?

Een node is een computer (een node kan elke computer zijn, niet een specifiek type) die is verbonden met het netwerk van een blockchain en de blockchain helpt bij het schrijven en valideren van blokken. Sommige nodes downloaden een hele geschiedenis van hun blockchain; Deze worden masternodes genoemd en voeren meer taken uit dan gewone nodes. Bovendien zijn knooppunten op geen enkele manier gebonden aan een specifiek netwerk; Nodes kunnen praktisch naar believen overschakelen naar veel verschillende blockchains, zoals het geval is bij multipool mining.

Hoe werkt het aanbodmechanisme van Bitcoin?

Bitcoin maakt gebruik van een PoW-leveringsmechanisme. Een bevoorradingsmechanisme is de manier waarop nieuwe tokens op het netwerk worden geïntroduceerd. PoW, of "Proof of work" betekent letterlijk dat er werk (in termen van wiskundige vergelijkingen) nodig is om blokken te maken. De mensen die het werk doen zijn mijnwerkers.

Hoe wordt de marktkapitalisatie van Bitcoin berekend?

De vergelijking voor marktkapitalisatie is heel eenvoudig: # eenheden x prijs per eenheid. Bitcoin "eenheden" zijn munten, dus om de marktkapitalisatie op te lossen, kan men het circulerende aanbod (ongeveer 18,8 miljoen) vermenigvuldigen met de prijs per munt (ongeveer $ 50.000). Het resulterende getal (in dit geval 940 miljard) is de marktkapitalisatie.

Kun je Bitcoin-leningen geven en krijgen?

Ja, u kunt Bitcoin en andere cryptocurrencies gebruiken om een lening in USD af te sluiten. Dergelijke leningen zijn ideaal voor mensen die hun Bitcoin-bezit niet willen verkopen, maar die geld nodig hebben voor uitgaven zoals auto- of eigendomsbetalingen, reizen, het kopen van een woning, enz. Door een lening aan te gaan, kan de houder zijn activa aanhouden en toch profiteren van de waarde die in het actief is vergrendeld. Bovendien hebben Bitcoin-leningen extreem snelle doorlooptijden en acceptatietijden, doen kredietscores er niet toe en hebben leningen een zekere mate van vertrouwelijkheid (wat betekent dat kredietverstrekkers geen interesse hebben in waar u het geld aan uitgeeft). Als geldschieter is het een goede strategie om inkomsten te genereren uit anders sedentaire holdings; aan beide kanten zit het risico grotendeels in de fluctuaties van Bitcoin. Hoe dan ook, het is een intrigerend bedrijf, en een bedrijf dat nog maar net is begonnen en echt een enorm groeipotentieel heeft. De meest populaire diensten om Bitcoin- en muntleningen te geven en te krijgen zijn blockfi.com, lendabit, youhodler, btcpop, coinloan.io en mycred.io.

Wat zijn de grootste problemen met Bitcoin?

Bitcoin is helaas niet perfect. Het was de eerste in zijn soort en geen enkele nieuwe technologie wordt bij de eerste poging geperfectioneerd. Het grootste huidige en langetermijnprobleem waarmee Bitcoin wordt geconfronteerd, is dat van energie en schaal. Bitcoin werkt via een PoW-systeem (proof-of-work) en het nadeel is een hoog energieverbruik; Bitcoin gebruikt momenteel 78 tW/uur per jaar (waarvan een groot deel, maar niet alle, koolstof gebruikt). Om enig perspectief te bieden: een terawattuur is een eenheid van energie die gelijk is aan het leveren van een biljoen watt gedurende één uur. Desondanks verbruikt het Bitcoin-netwerk drie keer minder energie dan het traditionele geldsysteem; Het probleem ligt in het energieverbruik bij massale adoptie en bij het energieverbruik ten opzichte van andere cryptocurrencies.[17] Een PoS-systeem (proof-of-stake), zoals dat van Ethereum, verbruikt 99,95% minder energie dan een PoW-alternatief.[18] Dit is belangrijker dan alle absolute

---

[17] "Banken verbruiken meer dan drie keer meer energie dan Bitcoin...." https://bitcoinist.com/banks-consume-energy-bitcoin/.
[18] "Proof-of-stake zou Ethereum 99,95% energiezuiniger kunnen maken...." https://www.morningbrew.com/emerging-tech/stories/2021/05/19/proofofstake-make-ethereum-9995-energyefficient-work.

energieverbruiksgegevens, omdat het wijst op het feit dat Bitcoin het potentieel heeft om veel minder energie te verbruiken dan het momenteel doet; zelfs als een ideale energiebehoefte nog ver weg is. Naast schaalgrootte is nut een even belangrijk probleem waarmee Bitcoin op de lange termijn wordt geconfronteerd (niet in termen van overleving, maar in termen van waarde). Bitcoin heeft weinig inherent nut en dient meer als waardeopslag dan als technologie. Men zou kunnen stellen dat Bitcoin een niche vult en zich gedraagt als een digitaal goud, maar het tweesnijdend zwaard van een sedentaire niche is dat de volatiliteit van Bitcoin extreem hoog is voor een waardeopslag op lange termijn en op een gegeven moment moet de volatiliteit afnemen of zal het gebruik beperkt blijven tot de demografie die zich op zijn gemak voelt bij hoge volatiliteit. Op zijn minst roept de kwestie van het nut de kwestie van altcoin-alternatieven op; aangezien de use-cases van cryptocurrencies gevarieerd zijn, vooral met betrekking tot nut, en daarom moeten en zullen andere cryptocurrencies dan Bitcoin op de lange termijn op grote schaal bestaan. De vraag welke, indien correct beantwoord, zeer winstgevend zal zijn.

Heeft Bitcoin munten of tokens?

Bitcoin bestaat uit munten, maar het is belangrijk om het verschil tussen tokens en munten te begrijpen. Een cryptocurrency-token is een digitale eenheid die een activum vertegenwoordigt, net als een munt. Hoewel munten op hun eigen blockchain zijn gebouwd, zijn tokens op een andere blockchain gebouwd. Veel tokens maken gebruik van de Ethereum-blockchain en worden daarom tokens genoemd, geen munten. Munten worden alleen als geld gebruikt, terwijl tokens een breder scala aan toepassingen hebben. Het begrijpen van tokens is een integraal onderdeel van het begrijpen van wat u precies verhandelt, evenals het begrijpen van alle toepassingen van digitale valuta, en om die redenen worden de meest populaire token-subcategorieën hier geanalyseerd:

1. *Beveiligingstokens* vertegenwoordigen het juridische eigendom van een activum, zowel digitaal als fysiek. Het woord "veiligheid" in beveiligingstokens betekent niet veiligheid in de zin van veilig zijn, maar "veiligheid" verwijst eerder naar elk financieel instrument dat waarde heeft en kan worden verhandeld. Kortom, beveiligingstokens vertegenwoordigen een investering of activa.

2. *Utility-tokens* zijn ingebouwd in een bestaand protocol en hebben toegang tot de services van dat protocol. Onthoud

dat protocollen regels en een structuur bieden die knooppunten moeten volgen, en utility-tokens kunnen voor bredere doeleinden worden gebruikt dan alleen als betalingstoken. Utility-tokens worden bijvoorbeeld vaak aan investeerders gegeven tijdens een ICO. Vervolgens kunnen beleggers later de utility-tokens die ze hebben ontvangen gebruiken als betaalmiddel op het platform waarvan ze de tokens hebben ontvangen. Het belangrijkste om in gedachten te houden is dat utility-tokens meer kunnen doen dan alleen dienen als middel om goederen en diensten te kopen of verkopen.

3. *Governance-tokens* worden gebruikt om een stemsysteem voor cryptocurrencies te creëren en uit te voeren dat systeemupgrades mogelijk maakt zonder een gecentraliseerde eigenaar.

4. *Betaal (transactionele) tokens* worden uitsluitend gebruikt om goederen en diensten te betalen.

Kun je geld verdienen door alleen Bitcoin vast te houden?

Veel munten bieden beloningen alleen voor het vasthouden van het activum; Ethereum-houders zullen binnenkort 5% APR verdienen op ingezette ETH. Het belangrijke woord is echter "gestaked" omdat alle munten die geld aanbieden alleen voor het vasthouden van de munt of token (genaamd "staking rewards") werken op een PoS (proof-of-stake) systeem en algoritme. Een PoS-algoritme is een alternatief voor PoW (proof-of-work) waarmee een persoon transacties kan minen en valideren op basis van het aantal munten dat hij bezit. Dus met PoS geldt: hoe meer je bezit, hoe meer je mijnt. Ethereum kan binnenkort op proof-of-stake draaien, en veel alternatieven doen dat al. Dat gezegd hebbende, kunt u nog steeds rente op uw Bitcoin verdienen door deze uit te lenen aan leners.

Heeft Bitcoin slippage?

Om enige context te bieden: slippage kan optreden wanneer een transactie wordt geplaatst met een marktorder. Marktorders proberen tegen de best mogelijke prijs uit te voeren, maar soms treedt er een opmerkelijk verschil op tussen de verwachte prijs en de werkelijke prijs. U kunt bijvoorbeeld zien dat de voorbeeldmunt $ 100 is, dus u plaatst een marktorder voor $ 1000. U krijgt echter slechts 9,8 voorbeeldmunt voor uw $ 1000, in tegenstelling tot de verwachte 10. Slippage treedt op omdat bied-/laatspreads snel veranderen (in feite is de marktprijs veranderd). Bitcoin en de meeste cryptocurrencies zijn vatbaar voor slippage; Om deze reden, als u een grote order plaatst, overweeg dan om een limietorder te plaatsen in plaats van een marktorder. Dit voorkomt slippen.

Welke Bitcoin-acroniemen moet ik kennen?

ATH

Acroniem dat 'all time high' betekent. Dit is de hoogste prijs die een cryptocurrency binnen een gekozen periode heeft bereikt.

ATL

Acroniem dat 'all time low' betekent. Dit is de laagste prijs die een cryptocurrency binnen een gekozen periode heeft bereikt.

BTD

Acroniem dat "Buy the Dip" betekent. Kan ook, samen met wat zoute taal, worden weergegeven als BTFD.

CEX (CEX)

Acroniem dat 'gecentraliseerde uitwisseling' betekent. Gecentraliseerde beurzen zijn eigendom van een bedrijf dat transacties beheert. Coinbase is een populaire CEX.

ICO

"Eerste muntaanbod."

P2P

"Voeten zijn voeten."

PND

"Pompen en dumpen."

ROI

"Rendement op investering."

DLT

Acroniem dat 'Distributed Ledger Technology' betekent. Een gedistribueerd grootboek is een grootboek dat op veel verschillende locaties wordt opgeslagen, zodat transacties door meerdere partijen kunnen worden gevalideerd. Blockchain-netwerken maken gebruik van gedistribueerde grootboeken.

SATS

SATS is een afkorting voor Satoshi Nakamoto, het pseudoniem dat wordt gebruikt door de maker van Bitcoin. Een SATS is de kleinst toegestane eenheid van bitcoin, namelijk 0,00000001 BTC. De kleinste eenheid van bitcoin wordt ook wel gewoon een Satoshi genoemd.

Welk Bitcoin-jargon moet ik kennen?

Zak

Een tas verwijst naar iemands positie. Als u bijvoorbeeld een aanzienlijke hoeveelheid in een munt bezit, bezit u er een zak van.

Tas Houder

Een zakhouder is een handelaar die een positie heeft in een waardeloze munt. Tassenhouders houden vaak hoop op hun waardeloze positie

Dolfijn

Crypto-houders worden geclassificeerd door middel van verschillende dieren. Degenen met extreem grote holdings, zoals in de 10's van miljoenen, worden walvissen genoemd, terwijl degenen met middelgrote bedrijven dolfijnen worden genoemd.

Flippening / Flappening

De "flippening" wordt gebruikt om het hypothetische moment te beschrijven waarop Etherium (ETH) Bitcoin (BTC) in marktkapitalisatie passeerde. Het "flappening" was het moment waarop Litecoin (LTC) Bitcoin Cash (BCH) passeerde in marktkapitalisatie. Het flippen vond plaats in 2018, terwijl het flippen nog moet plaatsvinden en, puur op basis van marktkapitalisatie, waarschijnlijk nooit zal gebeuren.

Maan / Naar de maan

Termen als "naar de maan" en "het gaat naar de maan" verwijzen simpelweg naar cryptocurrency die in waarde stijgt, meestal met een extreem bedrag.

Vaporware

Vaporware is een munt of token die is gehyped, maar weinig intrinsieke waarde heeft en waarschijnlijk in waarde zal dalen.

Vladimir Club

Een term die iemand beschrijft die 1% of 1% (0,01%) van het maximale aanbod van een cryptocurrency heeft verworven.

Zwakke handen

Handelaren die "zwakke handen" hebben, missen het vertrouwen om hun activa in de. geconfronteerd met volatiliteit en handelen vaak op emotie, in plaats van vast te houden aan hun handelsplan.

REKT

Fonetische spelling van 'vernield'.

HODL

"Hou vol voor het lieve leven."

KANTON DYOR

"Doe je eigen onderzoek."

FOMO

"Angst om iets te missen."

FUD

"Angst, onzekerheid en twijfel."

JOMO

"Vreugde om iets te missen."

ELI5

"Leg het uit alsof ik 5 ben."

Kunt u hefboomwerking en marge gebruiken om Bitcoin te verhandelen?

Om context te bieden voor degenen die niet bekend zijn met handel met hefboomwerking, kunnen handelaren handelskracht "benutten" door te handelen op geleend geld van een derde partij. Stel bijvoorbeeld dat u $ 1,000 heeft en dat u een hefboomwerking van 5x gebruikt; U handelt nu met $ 5.000 aan fondsen, waarvan u $ 4.000 hebt geleend. Volgens diezelfde functie is de hefboomwerking van 10x $ 10.000 en 100x $ 100.000. Met hefboomwerking kunt u de winst vergroten door geld te gebruiken dat niet van u is en een deel van de extra winst te behouden. Margehandel is bijna uitwisselbaar met hefboomhandel (aangezien marge hefboomwerking creëert) en het enige verschil is dat marge wordt uitgedrukt als een procentuele storting die vereist is, terwijl hefboomwerking een ratio is (wat betekent dat u met een hefboomwerking van 3x kunt handelen). Hefboomwerking en margehandel is zeer riskant; Over het algemeen wordt handelen met hefboomwerking niet aanbevolen, tenzij u een ervaren handelaar heeft en enige financiële stabiliteit heeft. Dat gezegd hebbende, bieden veel beurzen wel handelsdiensten met hefboomwerking voor Bitcoin en andere cryptocurrencies. Het volgende geeft een overzicht van de beste services die crypto-hefboomhandel aanbieden:

- Binance (populair, beste algemeen)
- Bybit (beste grafieken)
- BitMEX (gemakkelijkst te gebruiken)
- Deribit (het beste voor handel in Bitcoin met hefboomwerking)
- Kraken (populair, gebruiksvriendelijk)
- Poloniex (hoge liquiditeit)

Wat is een Bitcoin-bubbel?

Een zeepbel in Bitcoin en alle investeringen verwijst naar een tijd waarin alles in een onhoudbaar tempo omhoog gaat. Vaak knappen er bubbels die een grote crash veroorzaken. Om deze reden is het zowel een goede als (meer) een slechte zaak om in een zeepbel te zitten, of het nu gaat om de markt als geheel of om een specifieke munt of token.

Wat betekent het om "bullish" of "bearish" te zijn op Bitcoin?

Een beer zijn betekent dat je denkt dat de prijs van een munt, token of de waarde van de markt als geheel zal dalen. Als u zo denkt, wordt u ook als "bearish" beschouwd op de gegeven beveiliging. Het tegenovergestelde is om bullish te zijn: iemand die denkt dat een effect in waarde zal stijgen, is optimistisch over dat effect. Deze woorden werden gepopulariseerd in de terminologie van de aandelenmarkt en men denkt dat de oorsprong verband houdt met de eigenschappen van de dieren: een stier zal zijn hoorns omhoog steken terwijl hij een tegenstander aanvalt, terwijl een beer opstaat en naar beneden veegt.

Is Bitcoin cyclisch?

Ja, Bitcoin is historisch cyclisch en heeft de neiging om te werken met meerjarige cycli (met name cycli van 4 jaar) die historisch gezien zijn opgebroken in het volgende: doorbraakhoogtepunten, een correctie, accumulatie en uiteindelijk herstel en voortzetting. Dit kan worden vereenvoudigd tot een grote omhoog, grote omlaag, een beetje omhoog of zijwaarts, en een grote omhoog. Doorbraakhoogtepunten volgen meestal (normaal gesproken een jaar of zo na) de halveringsgebeurtenissen van Bitcoin, die om de vier jaar plaatsvinden (waarvan de meest recente in 2020). Dit is geenszins een exacte wetenschap, maar het biedt wel enig perspectief op het potentieel en de prijsactie van Bitcoin op middellange termijn. Bovendien vinden er meestal grote sprongen van Altcoins (met name middelgrote en kleine altcoins) plaats, terwijl Bitcoin geen grote opwaartse beweging of een grote neerwaartse beweging maakt, en vaak een grote opwaartse beweging volgt. Op zo'n moment nemen beleggers Bitcoin-winsten (terwijl de prijs consolideert) en stoppen ze in kleinere munten. Dit alles is dus over het algemeen iets om over na te denken, vooral als u overweegt Bitcoin te kopen of verkopen.

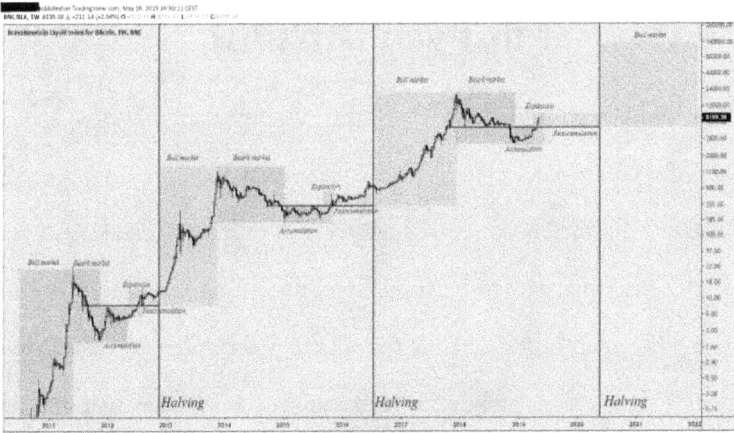

1920

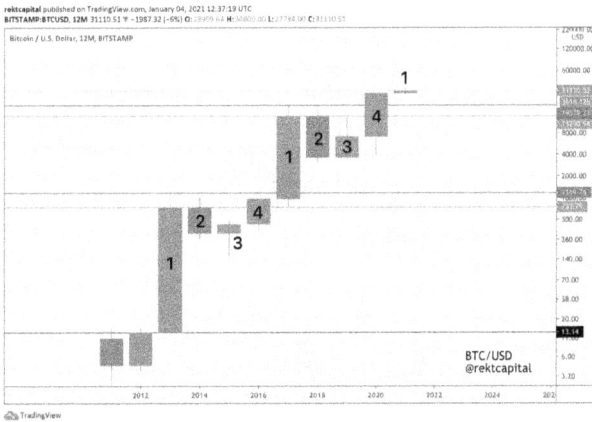

21

19

[20] "Gedetailleerd overzicht van de vierjarige cycli van Bitcoin |
Forex Academie." 10 februari 2021,
https://www.forex.academy/detailed-breakdown-of-bitcoins-four-
years-cycles/. Geraadpleegd op 4 september 2021.
[21] "Een gedetailleerd overzicht van de vierjarige cycli van Bitcoin
| Hacker 's middags." 29 okt. 2020, https://hackernoon.com/a-
detailed-breakdown-of-bitcoins-four-year-cycles-icp3z0q.
Geraadpleegd op 4 september 2021.

Wat is het nut van Bitcoin?

Nut binnen een munt of token is een van de belangrijkste aspecten van due diligence, aangezien het begrijpen van het huidige en langetermijnnut en de waarde achter een munt of token een veel duidelijkere analyse van het potentieel mogelijk maakt. Nut wordt gedefinieerd als nuttig en functioneel; Cryptomunten of tokens met nut hebben echte, praktische toepassingen: ze bestaan niet alleen, maar dienen eerder om een probleem op te lossen of een dienst aan te bieden. Munten met de meest functionele huidige toepassingen en gebruiksscenario's zullen waarschijnlijk slagen, in tegenstelling tot munten zonder voortgezet doel, gebruik en innovatie. Hier zijn een paar casestudy's, waaronder die van Bitcoin:

❖ Bitcoin (BTC) dient als een betrouwbare en langdurige waardeopslag, vergelijkbaar met 'digitaal goud'.

❖ Ethereum (ETH) maakt het mogelijk om dApps en Smart Contracts te creëren bovenop de Ethereum-blockchain.

❖ Storj (STORJ) kan worden gebruikt om gegevens op een gedecentraliseerde manier in de cloud op te slaan, vergelijkbaar met Google Drive en Dropbox.

❖ Basic Attention Token (BAT) wordt in de Brave-browser gebruikt om beloningen te verdienen en tips naar makers te sturen.

❖ Golem (GNT) is een wereldwijde supercomputer die verhuurbare computerbronnen aanbiedt in ruil voor GNT-tokens.

Is het beter om Bitcoin vast te houden of te verhandelen?

Historisch gezien is het winstgevender en gemakkelijker om Bitcoin gewoon aan te houden. De tijd, moeite en timing die nodig zijn om succesvol te handelen (of om een grotere winst te maken dan degenen die aanhouden) is een enorm moeilijk mengsel om samen te stellen; Degenen die het doen, zijn meestal fulltime handelaren of hebben toegang tot tools die anderen niet hebben. Tenzij u bereid bent dit niveau van toewijding te omarmen of u echt van het proces geniet, bent u veel beter af met het vasthouden en kopen van Bitcoin voor de lange termijn.

Is investeren in Bitcoin riskant?

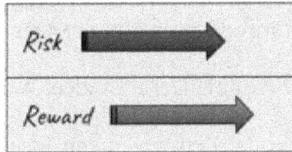

Bovenstaande afbeelding is gebaseerd op het risico-rendementsprincipe. Wanneer men ziet dat iedereen geld verdient (zoals grotendeels en gevaarlijk wordt mogelijk gemaakt door sociale media, aangezien iedereen de winsten plaatst en niet de verliezen), zoals momenteel gebeurt op de cryptomarkt, zijn we geneigd om onbewust (of bewust) uit te gaan van een gebrek aan significant risico. Over het algemeen (vooral met betrekking tot beleggingen) geldt echter dat hoe meer beloning er is, hoe meer risico er is. Investeren in cryptocurrencies is niet zonder risico, noch met een laag risico; Het is extreem riskant, maar omdat het een tweesnijdend zwaard is, biedt het ook een extreme beloning.

Wat is de Bitcoin whitepaper?

Een whitepaper is een informatief rapport van een organisatie over een bepaald product, dienst of algemeen idee. Whitepapers leggen het concept uit (echt, verkopen) en geven een idee en tijdschema voor toekomstige evenementen. Over het algemeen helpt dit lezers een probleem te begrijpen, erachter te komen hoe de makers van het artikel dat probleem willen oplossen en een mening te vormen over dat project. Drie soorten whitepapers komen vaak voor in de bedrijfsruimte: ten eerste de 'backgrounder', die de achtergrond achter een product, dienst of idee uitlegt en technische, op onderwijs gerichte informatie biedt die de lezer verkoopt. Een tweede type whitepaper is een "genummerde lijst" die de inhoud weergeeft in een verteerbaar, getalgeoriënteerd formaat. Bijvoorbeeld: "10 use cases voor coin CM" of "10 redenen waarom token HL de markt zal domineren." Een laatste type is een whitepaper over problemen/oplossingen, waarin het probleem wordt gedefinieerd dat het product, de dienst of het idee wil oplossen en waarin de gecreëerde oplossing wordt uitgelegd.

Whitepapers worden binnen de crypto-ruimte gebruikt om nieuwe concepten en de technische details, visie en plannen rond een bepaald project uit te leggen. Alle professionele cryptoprojecten hebben een whitepaper, meestal te vinden op hun website. Het lezen van de whitepaper geeft u een beter inzicht in een project dan vrijwel elke andere bron van toegankelijke informatie. Het witboek van Bitcoin werd in 2008 gepubliceerd en schetste de principes van een transparant en oncontroleerbaar cryptografisch veilig, gedistribueerd en P2P elektronisch betalingssysteem. U kunt de originele Bitcoin-whitepaper zelf lezen via de volgende link:

bitcoin.org/bitcoin.pdf

Hieronder staan een paar websites die meer informatie geven over, of toegang tot, cryptocurrency whitepapers.

Alle Crypto White Papers

https://www.allcryptowhitepapers.com/

Crypto-beoordeling

https://cryptorating.eu/whitepapers/

CoinDesk

https://www.coindesk.com/tag/white-papers

Wat zijn Bitcoin-sleutels?

Een sleutel is een willekeurige reeks tekens die door algoritmen wordt gebruikt om gegevens te versleutelen. Bitcoin en de meeste cryptocurrencies gebruiken twee sleutels: een publieke sleutel en een private sleutel. Beide toetsen zijn reeksen van letters en cijfers. Zodra een gebruiker zijn eerste transactie initieert, wordt een paar van een openbare sleutel en een privésleutel gemaakt. De openbare sleutel wordt gebruikt om cryptocurrencies te ontvangen, terwijl de privésleutel de gebruiker in staat stelt transacties uit te voeren vanaf zijn account. Beide sleutels worden opgeslagen in een wallet.

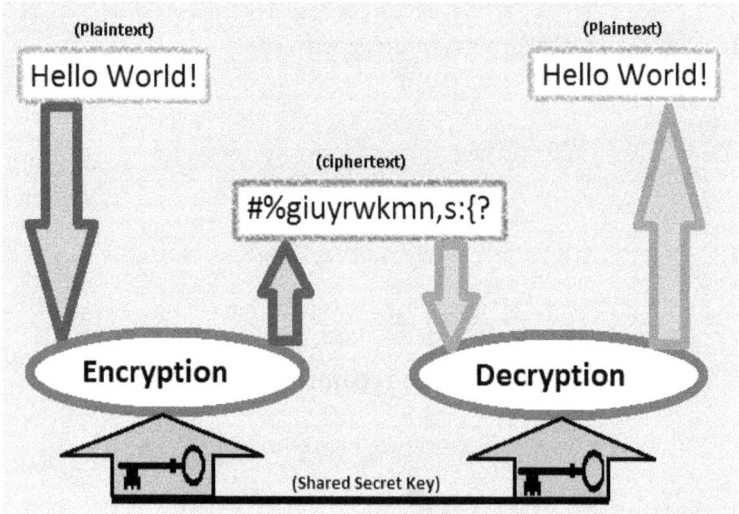

22

---

22 Dev-NJITWILL / PDM / File:Crypto.png

Is Bitcoin schaars?

Ja. Bitcoin is een deflatoir activum met een vast aanbod. Cryptocurrencies met een vaste voorraad hebben een algoritmische aanbodlimiet. Bitcoin is, zoals gezegd, een vast activum, aangezien er onmogelijk meer munten kunnen worden gemaakt zodra er 21 miljoen in omloop zijn gebracht. Momenteel is bijna 90% van de bitcoin gedolven en wordt ongeveer 0,5% van het totale aanbod per jaar uit de circulatie gehaald (omdat munten naar ontoegankelijke accounts worden gestuurd). Volgens de halvering (die later wordt behandeld), zal Bitcoin zijn maximale voorraad rond het jaar 2140 bereiken. Veel andere cryptocurrencies (afkomstig van de website cryptoli.st, bekijk ze zelf als je geïnteresseerd bent in andere cryptolijsten) zoals Binance Coin (BNB), Cardano (ADA), Litecoin (LTC) en ChainLink (LINK), zijn ook gebaseerd op een deflatoir systeem met een vast aanbod. Meer informatie over het concept van deflatoire systemen en waarom dit Bitcoin schaars maakt, wordt uiteengezet in de vraag "wat betekent Bitcoin dat deflatoir is?" hieronder.

Wat zijn Bitcoin whales?

Walvissen, in cryptocurrency, verwijzen naar personen of entiteiten die genoeg van een bepaalde munt of token bezitten om te worden beschouwd als belangrijke spelers met het potentieel om prijsactie te beïnvloeden. Ongeveer 1000 individuele Bitcoin-walvissen bezitten 40% van alle Bitcoins en 13% van alle Bitcoin wordt aangehouden op iets meer dan 100 accounts.[23] Bitcoin whales kunnen de prijs van Bitcoin manipuleren door middel van verschillende strategieën, en hebben dat de afgelopen jaren zeker gedaan. Een interessant gerelateerd artikel (gepubliceerd door Medium) is "Bitcoin Whales and Crypto Market Manipulation."

---

[23] "De rare wereld van Bitcoin 'whales' 22 januari 2021, https://www.telegraph.co.uk/technology/2021/01/22/weird-world-bitcoin-whales-2500-people-control-40pc-market/.

Wie zijn Bitcoin-mijnwerkers?

Bitcoin-miners zijn iedereen die rekenkracht verleent aan het Bitcoin-netwerk. Dit varieert van Nicehash pc-gebruikers tot complete mijnbouwbedrijven; Iedereen die stroom toevoegt aan het netwerk (waardoor de hash-snelheid toeneemt) wordt gedefinieerd als een miner. Bitcoin-miners bieden rekenkracht aan het Bitcoin-netwerk, dat wordt gebruikt om transacties te verifiëren en blokken aan de blockchain toe te voegen, in ruil voor beloningen in Bitcoin.

Wat betekent het om Bitcoin te "verbranden"?

De term "verbrand" verwijst naar het verbrandingsproces, een leveringsmechanisme dat het mogelijk maakt munten uit de circulatie te halen, waardoor het fungeert als een deflatoir instrument en de waarde van elke andere munt in het netwerk toeneemt (het concept ervan lijkt veel op een bedrijf dat aandelen terugkoopt op de aandelenmarkt). Branden kan op verschillende manieren worden uitgevoerd: een van deze manieren is het verzenden van munten naar een ontoegankelijke portemonnee, die een 'eteradres' wordt genoemd. In dit geval, hoewel de tokens technisch gezien niet uit het totale aanbod zijn verwijderd, is het circulerende aanbod effectief gedaald. Momenteel zijn er ongeveer 3,7 miljoen Bitcoins (200+ miljard aan waarde) verloren gegaan door dit proces. Tokens kunnen ook worden gebrand door een brandfunctie te coderen in de protocollen die een token besturen, maar de veel populairdere optie is via de genoemde eteradressen. Een cryptocurrency-analyse genaamd Timothy Paterson heeft beweerd dat er elke dag 1.500 Bitcoins verloren gaan, wat veel meer is dan de gemiddelde dagelijkse toename (door mining) van 900. Uiteindelijk, tot op zekere hoogte, verhoogt het verlies van munten de schaarste en waarde.

Wat betekent dat Bitcoin deflatoir is?

Bitcoin is een vast activum (wat betekent dat de muntvoorraad een algoritmische limiet heeft), aangezien er onmogelijk meer munten kunnen worden gecreëerd zodra er 21 miljoen in omloop zijn gebracht. Momenteel is bijna 90% van de Bitcoins gedolven en gaat ongeveer 0,5% van het totale aanbod per jaar verloren. Als gevolg van de halvering zal Bitcoin rond 2140 zijn maximale voorraad bereiken. Het meest voor de hand liggende voordeel van een systeem met vaste aanvoer is dat dergelijke systemen deflatoir zijn. Deflatoire activa zijn activa waarbij het totale aanbod in de loop van de tijd afneemt en daarom elke eenheid in waarde stijgt. Stel bijvoorbeeld dat je met 10 andere mensen op een onbewoond eiland bent gestrand en dat elke persoon 1 fles water heeft. Aangezien sommige mensen vermoedelijk hun water zullen drinken, kan de totale voorraad van 100 flessen water alleen maar afnemen. Dit maakt het water tot een deflatoir actief. Naarmate het totale aanbod krimpt, wordt elke waterfles steeds meer waard. Stel dat er nu nog maar 20 waterflessen over zijn. Elk van de 20 waterflessen is evenveel waard als 5 waterflessen ooit waard waren toen ze alle 100 in omloop waren. Op deze manier ervaren langetermijnhouders van deflatoire activa een waardestijging van hun bezit omdat de fundamentele waarde ten opzichte van het geheel (in het voorbeeld van een waterfles is 1 fles op 100 1%, terwijl

1 op de 20 5% is, waardoor elke fles 5x meer waard is) is toegenomen. Over het algemeen zal een vaste-aanbod- en deflatoir model, net als digitaal goud (vooral met betrekking tot Bitcoin specifiek), de fundamentele waarde van elke munt of token in de loop van de tijd verhogen en waarde creëren door schaarste.

Wat is het volume van Bitcoin?

Handelsvolume, ook wel "volume" genoemd, is het aantal munten of tokens dat binnen een bepaald tijdsbestek wordt verhandeld. Volume kan de relatieve gezondheid van een bepaalde munt of de totale markt weergeven. Op het moment van schrijven heeft Bitcoin (BTC) bijvoorbeeld een 24-uurs volume van $ 46 miljard, terwijl Litecoin (LTC) binnen hetzelfde tijdsbestek $ 7 miljard verhandelde. Dit aantal zelf is echter enigszins willekeurig; Een gestandaardiseerd vergelijkingsmiddel binnen het volume is de verhouding tussen de marktkapitalisatie en het volume. Als we bijvoorbeeld doorgaan met de twee bovenstaande munten, heeft Bitcoin een marktkapitalisatie van $ 1,1 biljoen en een volume van $ 46 miljard, wat betekent dat $ 1 op elke $ 24 op het netwerk in de afgelopen 24 uur is verhandeld. Litecoin heeft een marktkapitalisatie van $16,7 miljard en een 24-uurs volume van $7 miljard, wat betekent dat $1 van elke $2,3 op het netwerk in de afgelopen 24 uur is verhandeld. Door inzicht in het volume kan andere informatie over een munt, zoals populariteit, volatiliteit, nut, enzovoort, beter worden begrepen. Informatie over het volume van Bitcoin en andere cryptocurrencies vindt u hieronder:

CoinMarketCap - coinmarketcap.com

CoinGecko – coingecko.com

Hoe wordt Bitcoin gedolven?

Bitcoin wordt gedolven door de toepassing van nodes (nodes, om samen te vatten, zijn computers in het netwerk). Nodes lossen complexe hashing-problemen op en eigenaren van nodes worden beloond in verhouding tot de hoeveelheid werk (dus proof-of-work) die is voltooid. Op deze manier kunnen de eigenaren van nodes (miners genoemd) Bitcoin minen.

Kun je USD krijgen met Bitcoin?

Ja! In de vraag direct hieronder leer je over paren. Fiat-valuta's kunnen in en uit Bitcoin worden geconverteerd via een fiat-naar-crypto-paar. Het Bitcoin-naar-USD paar is BTC/USD. Amerikaanse dollars zijn de quotevaluta voor Bitcoin en andere valuta's, wat betekent dat USD de maatstaf is waarmee andere cryptocurrencies worden vergeleken; dit is de reden waarom je zou kunnen zeggen "Bitcoin bereikte 50.000", terwijl Bitcoin eigenlijk net een waarde heeft bereikt die gelijk is aan 50.000 US dollar.

Wat is een Bitcoin-paar?

Alle cryptocurrencies werken in paren. Een paar is een combinatie van twee cryptocurrencies waarmee dergelijke crypto's kunnen worden uitgewisseld. Met een BTC/ETH (crypto-to-crypto) paar kan Bitcoin worden ingewisseld voor Ethereum, en vice versa. Met een BTC/USD-paar (crypto-naar-fiat) kan Bitcoin worden ingewisseld voor de Amerikaanse dollar en vice versa. Gezien de grote hoeveelheid kleinere cryptocurrencies, is de beursmarkt gericht op een paar grote cryptocurrencies die op hun beurt worden ingewisseld voor iets anders. Een Celo (CGLD) naar Fetch.ai (FET)-paar bestaat bijvoorbeeld misschien niet, maar een CGLD/BTC en een BTC/FET-paar maken het mogelijk om CGLD om te zetten in FET. Simpel gezegd, paren zijn het web dat verschillende activa met elkaar verbindt. Paren maken ook arbitrage mogelijk, waarbij wordt gehandeld op basis van het verschil in paarprijzen tussen verschillende beurzen en markten.

Is Bitcoin beter dan Ethereum?

Het belangrijkste verschil tussen Bitcoin en Etherem is de waardepropositie. Bitcoin is gemaakt als een waardeopslag, verwant aan een digitaal goud, terwijl Ethereum fungeert als een platform waarop gedecentraliseerde applicaties (dApps) en slimme contracten worden gemaakt (mogelijk gemaakt door het ETH-token en de programmeertaal Solidity). Aangezien ETH nodig is om dApps op de Ethereum-blockchain uit te voeren, is de waarde van ETH enigszins gekoppeld aan het nut. In één zin; Bitcoin is een valuta, terwijl Ethereum een technologie is, en in dit opzicht is Ethereum niet gemaakt als een concurrent van Bitcoin, maar eerder om het aan te vullen en ernaast te bouwen. Hiervoor is de vraag wat beter is als het vergelijken van een appel met een baksteen; Beiden zijn geweldig in wat ze doen en de een boven de ander verkiezen is de waardepropositie boven de ander verkiezen (bijvoorbeeld: we hebben de appel nodig voor voedsel, maar de baksteen om onderdak te creëren), waarvan de vraag geen duidelijk of overeengekomen antwoord heeft.

Kun je dingen kopen met Bitcoin?

Bitcoin vertegenwoordigt een gedeeld gevoel van waarde; Waarde kan worden verhandeld en ingewisseld voor items van gelijke of bijna gelijkwaardige waarde, net als elke andere valuta. Desondanks is het vrij moeilijk of onmogelijk om de meeste dingen rechtstreeks met Bitcoin te kopen (dat gezegd hebbende, er bestaan wel degelijk opties en deze breiden zich snel uit). Natuurlijk kan men altijd gewoon Bitcoin inwisselen voor hun gegeven valuta en de valuta gebruiken om dingen te kopen, maar de vraag blijft: waarom kun je Bitcoin nog niet gebruiken om items te kopen waarvoor je anders zou betalen met andere digitale betaalmethoden? Zo'n vraag is complex, maar heeft vooral te maken met het feit dat het gevestigde systeem van door de overheid gesteunde valuta's al geruime tijd werkt, terwijl cryptocurrencies nieuw zijn en buiten de controle en invloed van de overheid opereren. De huidige trends wijzen erop dat cryptocurrencies in grote mate integreren in online (en tot op zekere hoogte offline) retailers, groothandels en onafhankelijke verkopers (door integratie met betalingsverwerkers, zoals Stripe, PayPal, Square, enz.). Microsoft (in de Xbox-winkel), Home Depot (via Flexa), Starbucks (via Bakkt), Whole Foods (via Spedn) en vele andere bedrijven accepteren al Bitcoin; de omslagpunten zijn de grote online retailers die Bitcoin accepteren (Amazon, Walmart, Target, enz.) en het punt waarop overheden cryptocurrencies als betaalmethode omarmen of terugdringen.

Wat is de geschiedenis van Bitcoin?

In 1991 werd voor het eerst een cryptografisch beveiligde keten van blokken geconceptualiseerd. Bijna tien jaar later, in 2000, publiceerde Stegan Knost zijn theorie over cryptografie beveiligde ketens, evenals ideeën voor praktische implementatie en 8 jaar later bracht Satoshi Nakamoto een whitepaper uit (een whitepaper is een grondig rapport en gids) die een model voor een blockchain vaststelde. In 2009 implementeerde Nakamoto de eerste blockchain, die werd gebruikt als het grootboek voor transacties die werden gedaan met behulp van de cryptocurrency die hij ontwikkelde, genaamd Bitcoin. Ten slotte begonnen in 2014 use-cases voor blockchain en blockchain-netwerken zich buiten cryptocurrency te ontwikkelen, waardoor de mogelijkheden van Bitcoin en blockchain voor de rest van de wereld werden geopend.

Wat is Bitcoin halving?

Halving is een aanbodmechanisme dat de snelheid regelt waarmee munten worden toegevoegd aan een cryptocurrency met een vaste voorraad. Het idee en het proces werden gepopulariseerd door Bitcoin, dat elke 4 jaar halveert. De halvering wordt in gang gezet door een geprogrammeerde verlaging van de mijnbouwbeloningen; Blokbeloningen zijn de beloningen die worden gegeven aan de miners (eigenlijk de computers) die transacties in een bepaald blockchain-netwerk verwerken en valideren. Van 2016 tot 2020 verdienden alle computers (de nodes genoemd) in het Bitcoin-netwerk gezamenlijk 12,5 Bitcoin per 10 minuten, en dat was het aantal Bitcoins dat in omloop kwam. Na 11 mei 2020 daalden de beloningen echter tot 6,25 Bitcoin per hetzelfde tijdsbestek. Op deze manier zullen voor elke 210.000 gedolven blokken, wat neerkomt op ongeveer elke vier jaar, de blokbeloningen blijven halveren totdat de maximale limiet van 21 miljoen munten rond het jaar 2040 is bereikt. Halvering zal dus waarschijnlijk de waarde van Bitcoin en andere cryptocurrencies verhogen door het aanbod te verminderen zonder de vraag te veranderen. Schaarste, zoals gezegd, drijft waarde op, en een beperkt aanbod in combinatie met een groeiende vraag zorgt voor steeds grotere schaarste. Om deze reden heeft halving historisch gezien de prijs van Bitcoin opgedreven en zal het waarschijnlijk een groeikatalysator op lange termijn zijn. Cijfer krediet aan medium.com.

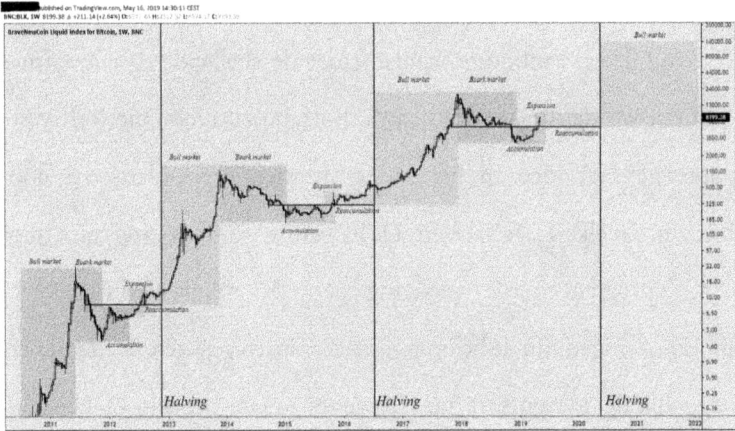

24

[24] https://medium.com/coinmonks/how-the-bitcoin-halving-impacts-bitcoins-price-ac7ba87706f1

Hoe koop je Bitcoin?

Bitcoin kan voornamelijk via beurzen worden gekocht en vervolgens op de beurs of in een portemonnee worden bewaard. Populaire beurzen voor Amerikaanse en wereldwijde gebruikers staan hieronder vermeld:

ONS

Coinbase - coinbase.com (het beste voor nieuwe investeerders)

PayPal - paypal.com (gemakkelijk voor degenen die PayPal al gebruiken)

Binance US - binance.us (beste voor altcoins, gevorderde beleggers)

Bisq - bisq.network (gedecentraliseerd)

Globaal (niet beschikbaar/beperkte functionaliteit in de VS)

Binance - binance.com (beste algemeen)

Huibo Global -huobi.com (meeste aanbiedingen)

7b - sevenb.io (gemakkelijk)

Crypto.com - crypto.com (laagste kosten)

Zodra een account is aangemaakt op een beurs, kunnen gebruikers fiat-valuta naar het account overmaken om de gewenste cryptocurrencies te kopen.

Is Bitcoin een goede investering?

In historische termen is Bitcoin een van de beste investeringen van het afgelopen decennium; het samengestelde rendement was ongeveer 200% per jaar en $ 10 die in 2010 in Bitcoin werd gestopt, zou vandaag $ 7,6 miljoen waard zijn (een verbazingwekkend rendement van 76.500.000% op de investering). De snelle rendementen die Bitcoin in het verleden heeft gegenereerd, kunnen zichzelf echter niet voor onbepaalde tijd in stand houden, en de vraag of Bitcoin *een goede investering zal zijn,* is een heel andere. Over het algemeen zorgen de feiten er momenteel voor dat Bitcoin een goede langetermijnpositie is, vooral als u gelooft in de versnellende trends van decentralisatie en blockchain. Dat gezegd hebbende, een aantal zwarte zwaangebeurtenissen zou extreme schade kunnen toebrengen aan Bitcoin, en een aantal concurrenten zou de plek van Bitcoin kunnen inhalen. De vraag of u wilt beleggen, moet worden ondersteund door feiten, maar gebaseerd zijn op u: de hoeveelheid risico die u bereid bent te nemen, de hoeveelheid geld die u kunt en wilt riskeren, enzovoort. Dus doe onderzoek, denk zo rationeel mogelijk en neem handelsbeslissingen waar u geen spijt van zult krijgen.

Zal Bitcoin crashen?

Bitcoin is een zeer cyclisch activum en heeft de neiging om regelmatig te crashen. Voor langdurige Bitcoin-houders zijn flash crashes en aanhoudende bear-periodes overweldigend waarschijnlijk. Bitcoin is sinds 2012 drie keer met 80% of meer gecrasht (een aantal dat in andere markten als rampzalig wordt beschouwd); In alle gevallen is het snel teruggekaatst. Dit alles komt deels omdat Bitcoin zich nog in de prijsontdekkingsfase bevindt en snel groeit in termen van acceptatie, dus de volatiliteit tiert welig. In het kort; historisch gezien, hoewel Bitcoin ongetwijfeld zal crashen, zal het zich ongetwijfeld ook herstellen.

Wat is het PoW-systeem van Bitcoin?

Een PoW-algoritme wordt gebruikt om transacties te bevestigen en nieuwe blokken op een bepaalde blockchain te maken. PoW, wat Proof of work betekent, betekent letterlijk dat er werk (door middel van wiskundige vergelijkingen) nodig is om blokken te maken. De mensen die het werk doen zijn mijnwerkers, en mijnwerkers worden beloond voor hun rekeninspanning door middel van gelijkheid.

groeikatalysator op lange termijn zijn. Cijfer krediet aan medium.com.

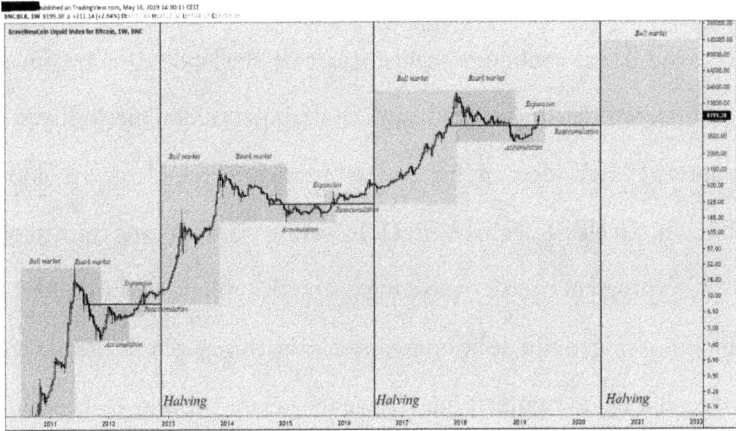

24

24https://medium.com/coinmonks/how-the-bitcoin-halving-impacts-bitcoins-price-ac7ba87706f1

Wat is Bitcoin halving?

Halving is een aanbodmechanisme dat de snelheid regelt waarmee munten worden toegevoegd aan een cryptocurrency met een vaste voorraad. Het idee en het proces werden gepopulariseerd door Bitcoin, dat elke 4 jaar halveert. De halvering wordt in gang gezet door een geprogrammeerde verlaging van de mijnbouwbeloningen; Blokbeloningen zijn de beloningen die worden gegeven aan de miners (eigenlijk de computers) die transacties in een bepaald blockchain-netwerk verwerken en valideren. Van 2016 tot 2020 verdienden alle computers (de nodes genoemd) in het Bitcoin-netwerk gezamenlijk 12,5 Bitcoin per 10 minuten, en dat was het aantal Bitcoins dat in omloop kwam. Na 11 mei 2020 daalden de beloningen echter tot 6,25 Bitcoin per hetzelfde tijdsbestek. Op deze manier zullen voor elke 210.000 gedolven blokken, wat neerkomt op ongeveer elke vier jaar, de blokbeloningen blijven halveren totdat de maximale limiet van 21 miljoen munten rond het jaar 2040 is bereikt. Halvering zal dus waarschijnlijk de waarde van Bitcoin en andere cryptocurrencies verhogen door het aanbod te verminderen zonder de vraag te veranderen. Schaarste, zoals gezegd, drijft waarde op, en een beperkt aanbod in combinatie met een groeiende vraag zorgt voor steeds grotere schaarste. Om deze reden heeft halving historisch gezien de prijs van Bitcoin opgedreven en zal het waarschijnlijk een

Waarom is Bitcoin volatiel?

Bitcoin bevindt zich nog steeds in de "prijsontdekkingsfase", wat betekent dat de markt zo snel groeit dat de werkelijke waarde van Bitcoin onbekend blijft. Daarom beheerst de waargenomen waarde de markt (bevorderd door het ontbreken van een organisatie om de volatiliteit van Bitcoin te beheren) en wordt de waargenomen waarde zeer gemakkelijk beïnvloed door nieuws, geruchten, enzovoort.

Uiteindelijk zal Bitcoin minder volatiel worden, maar het kan zeker nog wel even duren.

Moet ik investeren in Bitcoin?

De vraag of je in Bitcoin moet investeren is niet alleen een kwestie van Bitcoin, maar van jou. Bitcoin brengt een inherent risico met zich mee, omdat het een speculatief en volatiel activum is, en hoewel het potentiële voordeel enorm is, moet het tweesnijdende zwaard van risico en beloning in gedachten worden gehouden. Het beste wat u kunt doen, is zoveel mogelijk leren over Bitcoin, cryptocurrencies en blockchain (evenals trends in dergelijke onderwerpen en ontwikkelingen in de echte wereld), en die informatie integreren in uw risicotolerantie, financiële situatie en alle andere variabelen die van invloed kunnen zijn op uw investeringsbeslissing.

Hoe investeer ik succesvol in Bitcoin?

Deze 5 regels zullen u helpen succesvol te investeren in Bitcoin, aangezien geld en handelen emotionele ervaringen zijn:

- ❖ Niets duurt eeuwig
- ❖ Geen zou hebben, had moeten, had kunnen
- ❖ Wees niet emotioneel
- ❖ Diversifiëren
- ❖ Prijzen doen er niet toe

Niets duurt eeuwig

Op het moment van schrijven begin 2021 bevindt de cryptomarkt zich in een zeepbel. Dit wordt gezegd als een crypto-optimist. De ongelooflijke rendementen die mensen maken en de ongelooflijke opwaartse trends van vrijwel alle munten zijn gewoon onhoudbaar; Als dit voor altijd zo doorgaat, kan iedereen overal geld in stoppen en een enorme winst maken. Dit betekent niet dat de markt naar nul gaat of dat de concepten die de groei stimuleren zullen mislukken; Ik beweer alleen dat de enorme groei op een gegeven moment zal vertragen. Dit kan langzaam en geleidelijk gaan, of snel, zoals in het geval van een snelle crash. Historisch gezien heeft Bitcoin cycli doorlopen die enorme bull runs met zich meebrengen, waarvan de grootste plaatsvond eind 2017, maart tot juli 2019, en opnieuw van november 2020 tot het moment van schrijven, april 2021. In de genoemde bull runs, respectievelijk, ging Bitcoin ongeveer 15x (2017), 3x (2019) en nu, in de huidige bull run, 10x en tellen. In het vorige geval waarin Bitcoin meer dan 15x steeg, werd het grootste deel van het volgende jaar besteed aan het crashen van 20k naar 4k. Dit ondersteunt het idee van de genoemde Bitcoin-cycli, die eerst een enorme opwaartse trend hebben en vervolgens naar hogere dieptepunten crashen. Dit betekent verschillende dingen: ten eerste is het een goede gok om vast te houden als Bitcoin crasht. Twee, als Bitcoin en de cryptomarkt stijgen terwijl u dit leest, zal deze waarschijnlijk ergens in de komende jaren dalen. Als het daalt terwijl je dit leest, zal het de komende jaren waarschijnlijk op een echt enorme manier stijgen. Natuurlijk kan het marktecosysteem veranderen, maar dit is precies het punt dat moet worden gemaakt. Ervan uitgaande dat cryptocurrencies massale acceptatie bereiken en een integraal onderdeel worden van alle aspecten van geld, zaken en het algemene leven, *zal het* zich op een gegeven moment moeten stabiliseren. Dat punt kan in 2021, 2023 of 2030 zijn. Het zal waarschijnlijk meerdere keren crashen en stijgen voordat het zich stabiliseert in een iets minder volatiele markt, althans ten opzichte van zijn vroegere zelf.

Geen zou hebben, had moeten, had kunnen

Deze regel is ontleend aan een populaire en legendarische aandelenhandelaar en gastheer van de show *Mad Money*, Jim Cramer. Dit concept werkt voor alle beleggingen, om nog maar te zwijgen van alle lagen van de bevolking, en sluit aan bij de #31. Het idee wordt vertegenwoordigd door geen zou hebben, geen zou moeten hebben en geen had gekund. Dit betekent dat als u een slechte transactie doet, u een paar minuten de tijd moet nemen om na te denken over hoe u ervan kunt leren en verbeteren; Denk dan, na die paar minuten, niet na over wat je *zou* hebben gedaan, wat je *had moeten* doen of wat je *had kunnen* doen. Dit stelt je in staat om te leren en te verbeteren terwijl je tegelijkertijd gezond blijft, want aan het eind van de dag had je het altijd beter kunnen doen. Sla jezelf niet in elkaar over verliezen en laat overwinningen niet naar je hoofd stijgen.

Wees niet emotioneel

Emotie is de antithese van technische handel. Technische handel baseert huidige en toekomstige actie op historische gegevens en helaas maakt het de markt niet uit hoe u zich voelt. Emotie, vaker wel dan niet ("niet" simpelweg vanwege het willekeurig voorkomen van het nemen van een goede beslissing via een slecht proces) zal u alleen maar pijn doen en afbreuk doen aan de handelsstrategieën die u hebt ontwikkeld. Sommige mensen voelen zich van nature op hun gemak bij het risico en de emotionele achtbaan van handelen; Als je dat niet bent, kun je overwegen om meer te weten te komen over de psychologie van handelen (omdat het begrijpen van emoties een voorloper is van acceptatie, rationaliteit en controle) en door jezelf gewoon tijd te geven. Fundamentele analyse en handel op middellange tot lange termijn vereisen dit allemaal nog steeds, maar in mindere mate.

Diversifiëren

Diversificatie gaat risico's tegen. En, zoals we weten, is crypto riskant. Hoewel iedereen die in cryptocurrencies belegt, zowel uitgaat van een bepaald risiconiveau als waarschijnlijk op zoek is naar een bepaald risiconiveau (vanwege het risico-rendementsprincipe), heeft u (waarschijnlijk) een bepaald risiconiveau waar u zich niet prettig bij voelt. Diversificatie helpt u om binnen die maximale risicobelasting te blijven. Hoewel ik niet kan spreken over uw unieke situatie, zou ik elke cryptobelegger aanraden om een enigszins gediversifieerde portefeuille aan te houden, ongeacht hoeveel u in een project gelooft. De toewijzing van fondsen moet (meestal) worden verdeeld tussen Bitcoin-, Etherium- of ETH-alternatieven (zoals Cardano, BNB, enz.) en verschillende altcoins, samen met wat contant geld. Hoewel de exacte percentages variëren afhankelijk van de individuele situatie (35/25/30/10, 60/25/10/5, 20/20/40/20, enz.), zijn de meeste professionals het erover eens dat dit de meest duurzame manier is om te beleggen, winsten over de hele markt te behalen en de kans te verkleinen dat u een groot percentage van uw portefeuille verliest als gevolg van een of enkele verkeerde beslissingen. Dat gezegd hebbende, sommige beleggers steken echter slechts geld in een of twee top-50 crypto's en stoppen het grootste deel van hun geld in small-cap altcoins. Stel aan het eind van de dag een strategie op die past bij uw situatie, middelen en persoonlijkheid, en diversifieer vervolgens binnen de grenzen van die strategie.

Prijs doet er niet toe

De prijs is grotendeels irrelevant, aangezien zowel het aanbod als de initiële prijs kunnen worden vastgesteld. Alleen omdat Binance Coin (BNB) op $ 500 staat en Ripple (XRP) op $ 1,80, wil nog niet zeggen dat XRP 277x BNB waard is; In feite bevinden de twee munten zich momenteel binnen 10% van elkaars marktkapitalisatie. Wanneer een cryptocurrency voor het eerst wordt gemaakt, wordt het aanbod bepaald door het team achter het activum; Het team kan ervoor kiezen om 1 biljoen munten te maken, of 10 miljoen. Dus als we terugkijken naar XRP en BNB, kunnen we zien dat Ripple ongeveer 45 miljard munten in omloop heeft en Binance Coin 150 miljoen. Op deze manier doet de prijs er niet echt toe. Een munt van $ 0,0003 kan meer waard zijn dan een munt van $ 10.000 in termen van marktkapitalisatie, circulerend aanbod, volume, gebruikers, nut, enz. De prijs is nog minder belangrijk vanwege fractionele aandelen, waarmee beleggers elk bedrag in een munt of token kunnen investeren, ongeacht de prijs. Veel andere statistieken zijn veel belangrijker en moeten ruim voor de prijs worden overwogen. Dat gezegd hebbende, prijzen kunnen de prijsactie beïnvloeden als gevolg van psychologie. Bijvoorbeeld: Bitcoin heeft een sterke weerstand bij $ 50.000 en veel van deze weerstand kan voortkomen uit het feit dat $ 50.000 een mooi, rond getal is waar veel mensen kooporders en verkooporders bij zouden plaatsen. In situaties als deze en andere is psychologie een levensvatbaar onderdeel van prijsactie en dus analyse.

Heeft Bitcoin intrinsieke waarde?

Nee, Bitcoin heeft geen intrinsieke waarde. Niets aan Bitcoin eist dat het waarde heeft; in plaats daarvan wordt waarde gegenereerd door de gebruiker. Volgens een dergelijke definitie hebben alle valuta's van de wereld die niet worden gedekt door een goud- of zilverstandaard echter ook geen intrinsieke waarde (behalve materiaalgebruik, dat onbeduidend is). Dus in zekere zin heeft al het geld alleen enige mate van waarde omdat we het erover eens zijn dat dit het geval is, en alle argumenten tegen of voor het gebruik van Bitcoin vanwege het gebrek aan intrinsieke waarde moeten ook worden toegepast op fiat-valuta's.

Wordt Bitcoin belast?

Zoals het gezegde luidt, kunnen we geen belastingen ontwijken, en een dergelijk idee is zeker van toepassing op cryptocurrency, ondanks het schijnbaar anonieme en ongereguleerde karakter van de industrie. Voor de meest nauwkeurige informatie moet u de website van uw belastinginningsorganisatie bezoeken voor meer informatie over de belasting op digitale valuta in uw land. Dat gezegd hebbende, zet de volgende informatie de door de VS vastgestelde regels in de schijnwerpers:

- In 2014 verklaarde de IRS dat virtuele valuta eigendom zijn, geen valuta.

- Als cryptocurrencies worden ontvangen als betaling voor goederen of diensten, moet de reële marktwaarde (in USD) worden belast als inkomen.

- Als u een munt of token langer dan een jaar vasthoudt, wordt dit geclassificeerd als winst op lange termijn, en als u deze binnen een jaar hebt gekocht en verkocht, is dit een winst op korte termijn. Kortetermijnwinsten zijn onderworpen aan hogere belastingen dan langetermijnwinsten.

- Inkomsten uit het delven van virtuele valuta worden beschouwd als inkomsten uit zelfstandige arbeid (ervan uitgaande dat de betreffende persoon geen werknemer is) en zijn onderworpen aan zelfstandigenbelasting volgens de reële equivalente waarde van de digitale valuta's in USD. Er kan tot $ 3,000 aan verliezen worden erkend.

- Wanneer digitale valuta's worden verkocht, zijn winsten of verliezen onderworpen aan vermogenswinstbelasting (aangezien de digitale valuta's als eigendom worden beschouwd), net alsof een aandeel is verkocht.

Handelt Bitcoin 24/7?

Bitcoin werkt 24/7. Dit is voor een groot deel te wijten aan het feit dat het bedoeld is om over de hele wereld te worden gebruikt, als een echt intercontinentaal hulpmiddel, en gezien tijdzones zou alles behalve 24/7 werking niet aan die criteria voldoen. Er is ook gewoon geen enkele prikkel om dat niet te doen.

Gebruikt Bitcoin fossiele brandstoffen?

Ja, Bitcoin maakt gebruik van fossiele velden. In feite hebben veel energiecentrales op fossiele brandstoffen nieuw leven gevonden in het leveren van de stroom die nodig is om cryptocurrencies te minen. Bitcoin verbruikt ongeveer evenveel stroom als een klein land, puur door rekenvereisten, wat overeenkomt met ongeveer 0,55% van de wereldwijde elektriciteitsproductie. Het is duidelijk dat Bitcoin-gebruikers en miners geen fossiele brandstoffen willen gebruiken en dat een overgang naar hernieuwbare energiebronnen een belangrijk doel is, maar hetzelfde kan gezegd worden over het besturen van auto's op gas en de veelheid aan andere dagelijkse activiteiten die meer fossiele brandstof verbruiken dan Bitcoin. Het probleem komt echt neer op meningen; degenen die Bitcoin zien als een baanbrekende kracht in de wereld die mensen in onstabiele financiële ecosystemen helpt en meer veiligheid en privacy bij transacties mogelijk maakt, zullen zich geen zorgen maken over een wereldwijd energieverbruik van 0,55% (vooral gezien de belofte van een langetermijnovergang naar schone energie), terwijl degenen die Bitcoin als waardeloos of oplichterij beschouwen, waarschijnlijk precies het tegenovergestelde zullen voelen. Opgemerkt moet worden dat sommige cryptocurrencyalternatieven veel minder koolstofintensief zijn dan Bitcoin (Cardano, ADA), koolstofneutraal (Bitgreen, BITG) of koolstofnegatief (eGold, EGLD).

Zal Bitcoin de 100k bereiken?

Bitcoin zal waarschijnlijk $ 100.000 per munt bereiken. Dit betekent niet dat het snel zal gebeuren, of dat het zeker is; alleen al die gegevens over het deflatoire karakter van Bitcoin, historische rendementen, adoptietrends (als u geïnteresseerd bent, onderzoek dan de "S"-curve in technologie) en fiat-inflatie maken een prijsstijging tot $ 100.000 waarschijnlijk. De belangrijke vraag is niet of het $ 100.000 zal bereiken, maar wanneer het $ 100.000 zal bereiken. De meeste van dergelijke schattingen zijn op zijn best gefundeerde speculatie.

Zal Bitcoin de 1 miljoen bereiken?

In tegenstelling tot $100.000, vereist Bitcoin die $1 miljoen bereikt een serieuze schaal. De CEO van eToro Iqbal Grandha heeft gezegd dat Bitcoin zijn potentieel pas zal waarmaken als het $ 1 miljoen per munt waard is, omdat op dat moment elke Satoshi (de kleinste divisie waarin Bitcoin kan worden opgesplitst) $ 1 cent waard zou zijn.

Gezien schaalvoordelen en het potentieel voor wereldwijde massale acceptatie (in zo'n geval zou Bitcoin fungeren als een universele reservevaluta), is het mogelijk dat de prijs $ 1 miljoen zou kunnen bereiken. Een andere cryptocurrency zou deze plek echter net zo goed kunnen innemen, evenals door de overheid gesteunde stablecoins of digitale valuta. In combinatie moet worden opgemerkt dat fiat-valuta's inflatoir zijn en Bitcoin deflatoir. Deze prijsdynamiek maakt $ 1 miljoen op de lange termijn veel waarschijnlijker. Uiteindelijk is het echter een raadsel wat er moet gebeuren, en een waardering van $ 1 miljoen per munt blijft speculatief.

Zal Bitcoin zo snel blijven stijgen?

Nee. Het is letterlijk onmogelijk. Bitcoin heeft investeerders de afgelopen 10 jaar bijna 200%[25] per jaar opgeleverd, wat neerkomt op een rendement van 5,2 miljoen procent over het decennium. Gezien de marktkapitalisatie van Bitcoin op het moment van schrijven, zou een aanhoudende samengestelde stijging van 200% de hele geldhoeveelheid van de wereld in 4 tot 5 jaar overspoelen. Dus hoewel het heel goed mogelijk is dat Bitcoin zal blijven stijgen, is het huidige groeitempo uiterst onhoudbaar. Op de lange termijn moet de groei afvlakken en zal de volatiliteit waarschijnlijk afnemen.

---

[25] 196,7%, zoals berekend door CaseBitcoin

Wat zijn Bitcoin-forks?

Een fork is het optreden van een nieuwe blockchain die wordt gemaakt op basis van een andere blockchain. Bitcoin heeft 105 forks gehad, waarvan de grootste het huidige Bitcoin Cash is. Forks treden op wanneer een algoritme wordt opgesplitst in twee verschillende versies. Er bestaan twee soorten vorken. Een hard fork is een fork die optreedt wanneer alle nodes in het netwerk upgraden naar een nieuwere versie van de blockchain en de oude versie achterlaten; Er worden dan twee paden aangemaakt: de nieuwe versie en de oude versie. Een soft fork contrasteert dit door het oude netwerk ongeldig te maken; Dit resulteert in slechts één blockchain.

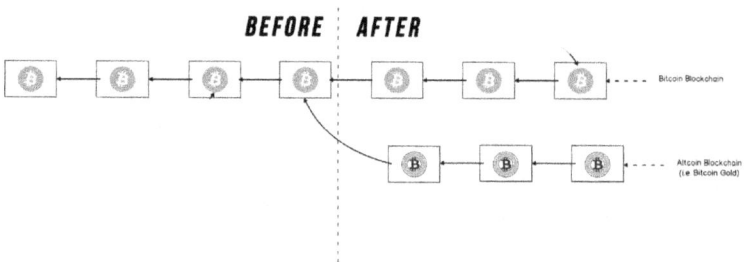

Waarom fluctueert Bitcoin?

Net als bij de aandelenmarkt stijgt en daalt de prijs volgens vraag en aanbod. Vraag en aanbod worden op hun beurt beïnvloed door de kosten van het produceren van een bitcoin op de blockchain, nieuws, concurrenten, intern bestuur en walvissen (grote houders). Voor informatie over waarom Bitcoin zo volatiel is als het is, verwijzen wij u naar de vele andere vragen over dit onderwerp.

Hoe werken Bitcoin-wallets?

Een crypto-portemonnee is de interface die wordt gebruikt om cryptobezit te beheren. Coinbase wallet en Exodus zijn veelgebruikte wallets. Een account is op zijn beurt een paar openbare en privésleutels van waaruit u uw geld kunt beheren, dat op de blockchain wordt opgeslagen. Simpel gezegd, portefeuilles zijn rekeningen die uw bezit voor u opslaan, net als een bank.

*Wallets bevatten geen munten. Wallets bevatten paren van privé- en openbare sleutels, die toegang bieden tot bezit.

---

27 Matthäus Wander / CC BY-SA 3.0)

Werkt Bitcoin in alle landen?

Bitcoin is een gedecentraliseerd netwerk van computers; Alle adressen zijn niet te blokkeren en dus overal toegankelijk met een internetverbinding. In landen waar Bitcoin illegaal is (waarvan China en Rusland de grootste zijn), kan de overheid alleen maar hard optreden tegen de infrastructuur (met name mijnbouwbedrijven) en het gebruik van Bitcoin. In plaatsen zoals Rusland is Bitcoin niet echt gereguleerd, maar is het gebruik van Bitcoin als betaling voor goederen en diensten illegaal. De meeste andere landen volgen dit model, omdat, nogmaals, het blokkeren van Bitcoin zelf onmogelijk is. Hester Peirce van de SEC heeft zelfs verklaard dat "regeringen dwaas zouden zijn om Bitcoin te verbieden." Daarom kan de conclusie worden getrokken dat Bitcoin in alle landen werkt, hoewel het in een select aantal landen illegaal is om de munt te bezitten of te gebruiken.

Hoeveel mensen hebben Bitcoin?

De beste schatting[28] plaatst het aantal momenteel op ongeveer 100 miljoen wereldwijde houders, wat neerkomt op ongeveer 1 op de 55 volwassenen. Dat gezegd hebbende, het werkelijke aantal is onbekend, gezien het anonieme karakter van cryptonetwerken. Er kan worden gezegd dat de gebruikersgroei in de hoge dubbele cijfers ligt, Bitcoin heeft enkele honderdduizenden transacties per dag, 2+ miljard mensen hebben van Bitcoin gehoord en er bestaan in totaal ongeveer een half miljard Bitcoin-adressen.

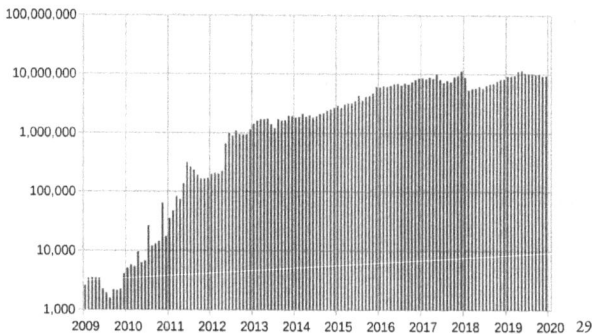

*Aantal Bitcoin-transacties per maand, vanaf 2020.

---

[28] buybitcoinworldwide.com
[29] Ladislav Mecir / CC BY-SA 4.0

Wie heeft de meeste Bitcoin?

De mysterieuze oprichter van Bitcoin, Satoshi Nakamoto, bezit de meeste Bitcoin. Hij heeft 1,1 miljoen BTC's verdeeld over meerdere wallets, wat hem een nettowaarde van tientallen miljarden oplevert. Als Bitcoins $ 180.000 zouden bereiken, zou Satoshi Nakamoto de rijkste persoon op aarde worden. Na Satoshi Nakamoto zijn de Winklevoss-tweeling en verschillende wetshandhavingsinstanties de grootste houders (de FBI werd een van de grootste Bitcoin-houders na het in beslag nemen van de activa van de Silk Road, een internetmarkt die in 2013 werd gesloten).

Kun je Bitcoin verhandelen met algoritmen?

Om deze vraag te beantwoorden, zal ik een fragment opnemen uit een ander boek van mij over Cryptocurrency Technical Analysis. Het bestrijkt alle bases en beslaat meer dan een paar pagina's, dus als je op zoek bent naar een kort antwoord, zal ik zeggen dat je dat kunt, maar het is moeilijk.

Algoritmisch handelen is de kunst om een computer geld voor u te laten verdienen. Althans, dat is het doel. Algo-handelaren, zoals het jargon luidt, proberen een reeks regels te identificeren die, als ze worden gebruikt als basis om op te handelen, winst maken. Wanneer deze regels worden gekozen en geactiveerd, zal code een order uitvoeren. Bijvoorbeeld: stel dat u graag handelt met exponentiële voortschrijdend gemiddelde crossovers (EMA's). Telkens wanneer u ziet dat de 12-daagse EMA van Bitcoin de 50-daagse EMA passeert, investeert u 0,01 bitcoin. Dan verkoop je meestal als je 5% winst hebt gemaakt of, als het niet lukt, verminder je je verliezen met 5%. Het zou heel gemakkelijk zijn om deze geprefereerde handelsstrategie om te zetten in algoritmische handelsregels. U zou een algoritme coderen dat alle gegevens van Bitcoin zou volgen, uw 0,01 bitcoin zou investeren tijdens uw favoriete EMA-crossover en vervolgens zou verkopen met een winst van 5% of een verlies van 5%. Dit algoritme zou voor je draaien terwijl je slaapt, terwijl je eet, letterlijk 24/7 of op een door jou ingesteld tijdstip. Omdat het alleen precies handelt zoals u het hebt ingesteld; Je voelt je erg op je gemak met het risico. Zelfs als het algoritme slechts 51 van de 100 transacties werkt, maakt u technisch gezien winst en kunt u gewoon voor altijd doorgaan zonder er werk in te steken. Of u kunt meer gegevens raadplegen en uw algoritme verbeteren om 55/100 keer of 70/100 keer te werken. Tien jaar later ben je nu een multi-biljonair die elke seconde van elke dag geld verdient terwijl je tropisch sap drinkt op een zonnig strand.

Helaas is het niet zo eenvoudig, maar dat is het concept van algoritmische handel. Het echt leuke hypothetische aspect van handelen met een machine is dat het inkomensplafond praktisch onbeperkt is (of op zijn minst enorm schaalbaar). Kijk eens naar de volgende tabel. Dit is een visualisatie van een algoritme dat 200 keer per dag handelt als aan bepaalde voorwaarden wordt voldaan. Het algoritme verlaat de positie met een winst van 5% of een verlies van 5%, zoals in het bovenstaande voorbeeld. Laten we aannemen dat u het algoritme $ 10.000 geeft om mee te werken en dat 100% van de portefeuille in elke transactie wordt gestopt. Rood betekent een onrendabele transactie (een verlies van 5%) en groen betekent een goede transactie, een winst van 5%.

5%	5%	5%	5%	5%	5%	5%	5%	5%	5%	5%	5%	5%	5%	5%	5%	5%	5%	5%	5%
5%	5%	5%	5%	5%	5%	5%	5%	5%	5%	5%	5%	5%	5%	5%	5%	5%	5%	5%	5%
5%	5%	5%	5%	5%	5%	5%	5%	5%	5%	5%	5%	5%	5%	5%	5%	5%	5%	5%	5%
5%	5%	5%	5%	5%	5%	5%	5%	5%	5%	5%	5%	5%	5%	5%	5%	5%	5%	5%	5%
5%	5%	5%	5%	5%	5%	5%	5%	5%	5%	5%	5%	5%	5%	5%	5%	5%	5%	5%	5%
5%	5%	5%	5%	5%	5%	5%	5%	5%	5%	5%	5%	5%	5%	5%	5%	5%	5%	5%	5%
5%	5%	5%	5%	5%	5%	5%	5%	5%	5%	5%	5%	5%	5%	5%	5%	5%	5%	5%	5%
5%	5%	5%	5%	5%	5%	5%	5%	5%	5%	5%	5%	5%	5%	5%	5%	5%	5%	5%	5%
5%	5%	5%	5%	5%	5%	5%	5%	5%	5%	5%	5%	5%	5%	5%	5%	5%	5%	5%	5%
5%	5%	5%	5%	5%	5%	5%	5%	5%	5%	5%	5%	5%	5%	5%	5%	5%	5%	5%	5%

Volgens de grafiek is dit algoritme slechts 51% van de tijd correct. Bij deze minieme meerderheid zou een investering van $ 10.000 $ 11.025 worden in slechts één dag, $ 186.791,86 in 30 dagen, en na een volledig handelsjaar zou het resultaat $ 29.389.237.672.608.055.000 zijn. Dat is 29 triljoen dollar, wat ongeveer 783 keer zoveel is als de totale waarde van elke Amerikaanse dollar in omloop. Dat zou natuurlijk niet werken. Laten we nu echter aannemen dat het algoritme, gegeven dezelfde regels, slechts 50,1% van de tijd een winstgevende transactie uitvoert, wat neerkomt op 1 extra winstgevende transactie op elke 1.000. Na 1 jaar zou dit algoritme $ 10.000 veranderen in $ 14.400. Na 10 jaar, iets minder dan $ 400,000, en na 50 jaar, $ 835,437,561,881.32. Dat is 835 miljard dollar (bekijk het zelf met de samengestelde rentecalculator van Moneychimp)

Dit lijkt vrij eenvoudig. Gebruik gewoon historische gegevens om algoritmen te testen totdat je er een hebt gevonden die minstens 50.1% winstgevend is, $ 10k krijgt en je kinderen biljonair worden. Helaas werkt dit niet, en hier zijn enkele van de uitdagingen waarmee algoritmische handelaren worden geconfronteerd:

Fouten

De meest voor de hand liggende uitdaging is het creëren van een foutloos algoritme. Veel services maken het proces tegenwoordig veel gemakkelijker en vereisen niet zoveel codeerervaring, maar sommige vereisen nog steeds een bepaald niveau van codeervaardigheid en de rest een zekere mate van technische kennis. Zoals je je vast wel kunt voorstellen, kan elke misstap bij het maken van een algoritme resulteren in game over.* Daarom moet je het waarschijnlijk niet zelf coderen, tenzij je echt weet hoe je moet coderen, in welk geval je waarschijnlijk nog steeds een vriend moet raadplegen!

Onvoorspelbare gegevens

Net als bij technische analyse als geheel, is de verwachting dat historische patronen zich waarschijnlijk zullen herhalen het fundament waarop algoritmische handel rust. Black Swan-gebeurtenissen* en onvoorspelbare factoren, zoals nieuws, wereldwijde crisis, kwartaalrapporten, enzovoort, kunnen allemaal een algoritme in de war schoppen en een eerdere strategie onrendabel maken.

Gebrek aan aanpassingsvermogen

De uitdaging van onvoorspelbare gegevens gaat gepaard met een onvermogen om zich aan te passen aan de omstandigheden op basis van nieuwe, contextuele gegevens. Op deze manier kunnen handmatige updates nodig zijn. De oplossing voor dit probleem is natuurlijk AI die leert, verbetert en test, maar dit is verre van realiteit en, als het zou werken, zou het waarschijnlijk niet zo goed zijn voor de markt, aangezien een paar invloedrijke spelers er gewoon geld mee zouden kunnen verdienen voor eigen gebruik (aangezien het een letterlijke gelddrukmachine zou zijn) of het met iedereen zou delen, In dat geval is de zelfvernietigingsuitdaging (hieronder) van toepassing.

Slippage, volatiliteit en flash crashes.

Omdat algoritmen volgens vaste regels spelen, kunnen ze worden "misleid" door volatiliteit en onrendabel worden gemaakt door slippage. Een kleine altcoin kan bijvoorbeeld binnen enkele seconden enkele procenten omhoog of omlaag springen. Een algoritme kan ervoor zorgen dat de prijs de limietverkooporder raakt en liquidatie activeert, ondanks dat de prijs gewoon weer omhoog springt naar de vorige prijs of hoger.

Zelfmoord

In het hypothetische geval van een intelligente AI die alle beschikbare gegevens sorteert, de best mogelijke handelsalgoritmen identificeert, deze in de praktijk brengt en zich aanpast aan de omstandigheden, zouden meerdere van dergelijke AI's hun eigen handelsstrategieën uitroeien. Bijvoorbeeld: stel dat er 1 miljoen van deze AI's bestaan (echt, veel meer mensen dan dit zouden het gebruiken als het beschikbaar zou komen voor aankoop). Alle AI's zouden onmiddellijk het beste algoritme ontdekken en erop gaan handelen. Als dit zou gebeuren, zou de resulterende toestroom van volume de strategie nutteloos maken. Hetzelfde scenario doet zich vandaag voor, maar dan zonder de AI. Echt goede handelsstrategieën worden waarschijnlijk door meerdere mensen ontdekt en vervolgens gebruikt en gedeeld totdat ze niet langer winstgevend zijn of net zo winstgevend als ze ooit waren. Op deze manier belemmeren echt goede strategieën en algoritmen hun eigen voortgang.

Dat zijn dus de uitdagingen die voorkomen dat algoritmische handel een perfecte, 4-urige werkweek, tropische vakantie-inducerende, gelddrukmachine is. Dat gezegd hebbende, algoritmen kunnen zeker nog steeds winstgevend zijn. Veel grote bedrijven en bedrijven baseren hun bedrijf uitsluitend op winstgevende handelsalgoritmen. Dus hoewel handelsbots niet als gemakkelijk geld moeten worden beschouwd, moeten ze worden beschouwd als een discipline die onder de knie kan worden als er voldoende tijd en moeite wordt besteed. Hier zijn enkele hoogtepunten van algoritmische handel en hoe u aan de slag kunt gaan:

Backtesting

Omdat algoritmen een bepaalde input nemen en dienovereenkomstig reageren, kunnen algohandelaren hun algoritmen backtesten aan de hand van historische gegevens. Als Trader X bijvoorbeeld een algoritme wil maken dat handelt op EMA-crossovers, kan Trader X het algoritme testen door het elk jaar dat de hele markt bestaat door te voeren. De rendementen zouden dan in kaart worden gebracht en door middel van split-testen kan Trader X een formule bedenken waarvan in het verleden is bewezen dat deze werkt zonder ooit echt geld op tafel te hebben gelegd. Op deze manier kunt u uw eigen algoritmen testen en spelen met verschillende variabelen om te zien hoe ze het totale rendement beïnvloeden. Om te experimenteren met het maken en gebruiken van een handelsalgoritme, bekijk deze websites:

Risicobeheersing

Backtesting is een geweldige manier om risico's te beperken. Het beste alternatief is door het gedisciplineerde en onderzochte gebruik van stop-loss en trailing stop-loss. Beide tools worden uitgewerkt in het hoofdstuk over risicobeheer.

Eenvoud

Veel mensen hebben concepten van algoritmehandel die complexe, meerlagige code vereisen die meerdere, zo niet een dozijn of meerdere, indicatoren, patronen of oscillatoren omvat. Hoewel onbekenden niet kunnen worden verklaard, zijn de meeste succesvolle algoritmen die zowel door professionals als niet-professionals worden gebruikt, verrassend ongecompliceerd. De meeste hebben betrekking op één indicator, of misschien op een combinatie van twee. Ik raad je aan deze gevestigde route te volgen als je begint met algoritmische handel, maar dat gezegd hebbende, als je een extreem complex en superieur algoritme ontdekt, zal ik de eerste zijn om je aan te melden!

*Credit: Boek, Crypto Technische Analyse

Hoe zal Bitcoin de toekomst beïnvloeden?

Bitcoin was de eerste succesvolle grootschalige use case van blockchain; de vraag hoe blockchain de toekomst zal beïnvloeden, is een veel grotere vraag dan alleen de potentiële impact van Bitcoin, waarvan een groot deel eerder is behandeld. Hier zijn gebieden waarop blockchain (en bij uitbreiding Bitcoin) een groot effect zal hebben of heeft:

- Beheer van de toeleveringsketen.
- Logistiek management.
- Veilig gegevensbeheer.
- Grensoverschrijdende betalingen en transactiemiddelen.
- Royalty's van artiesten volgen.
- Veilig opslaan en delen van medische gegevens.
- NFT-marktplaatsen.
- Stemmechanismen en veiligheid.
- Verifieerbaar eigendom van onroerend goed.
- Marktplaats voor onroerend goed.
- Factuurreconciliatie en geschillenbeslechting.
- Ticketing.

- Financiële garanties.
- Inspanningen op het gebied van noodherstel.
- Het verbinden van leveranciers en distributeurs.
- Tracering van de oorsprong.
- Stemmen bij volmacht.
- Cryptovaluta.
- Bewijs van verzekering / Verzekeringspolissen.
- Gezondheid / Persoonsgegevens dossiers.
- Toegang tot kapitaal.
- Gedecentraliseerde financiën
- Digitaal identificeren
- Proces / Logistieke Efficiëntie
- Verificatie van de gegevens
- Schadeafhandeling (verzekering).
- IP-bescherming.
- Digitalisering van activa en financiële instrumenten.
- Vermindering van financiële corruptie bij de overheid.
- Online gamen.
- Gesyndiceerde leningen.
- En meer!

Is Bitcoin de toekomst van geld?

De vraag of Bitcoin zelf de "toekomst van geld" is, is speculatie; de echte vraag is of de technologie achter Bitcoin en de systemen die Bitcoin aanmoedigt de toekomst van geld zijn. Als dat zo is, is investeren in cryptocurrency als geheel, evenals in Bitcoin (hoewel het groeipotentieel in % in Bitcoin beperkt is ten opzichte van kleinere munten gezien de hoeveelheid geld die er al in zit) een zeer goede gok.

De belangrijkste technologie die Bitcoin van brandstof voorziet, is blockchain, en het algemene systeem dat Bitcoin aanmoedigt, is dat van decentralisatie. Beide velden exploderen in een groot aantal groeiende use-cases en elk heeft het potentieel om elk aspect van het leven te beïnvloeden, van betalingen tot werk tot stemmen. Om Capgemini Engineering te citeren: "het [blockchain] verbetert de veiligheid en beveiliging aanzienlijk in de financiële, gezondheidszorg-, supply chain-, software- en overheidssectoren." Bedrijven die blockchain-technologie gebruiken, zijn onder meer Amazon (via AWS), BMW (in logistiek), Citigroup (in financiën), Facebook (door de creatie van zijn eigen cryptocurrency), General Electric (toeleveringsketen), Google (met BigQuery), IBM, JPmorgan, Microsoft, Mastercard, Nasdaq, Nestlé, Samsung, Square, Tenent, T-Mobile, de Verenigde Naties, Vanguard, Walmart en meer.[30] De uitgebreide klantenkring en producten die worden aangedreven door of gecentreerd rond blockchain, signaleren de voortzetting van blockchain in een kernaspect van internet en offline diensten. Met dit alles in gedachten is Bitcoin niet beperkt tot het hebben van een impact binnen cryptocurrencies, maar kan en zal het waarschijnlijk een tijdperk van blockchain inluiden. In termen van Bitcoin als de toekomst van geld en betalingen, is de belangrijke vraag hoe overheden reageren op de dreiging van Bitcoin en cryptocurrencies. Sommige, zoals China, kunnen hun eigen digitale valuta ontwikkelen. Sommigen, zoals El Salvador, kunnen Bitcoin wettig betaalmiddel maken. Anderen kunnen cryptocurrencies negeren of verbieden. Op welke manier regeringen ook reageren, het feit dat ze gedwongen zullen worden om te reageren, betekent dat Bitcoin het vlaggenschip was dat op de een of andere manier het financiële landschap van de wereld volledig zal veranderen door de succesvolle toepassing van digitale en blockchain-gedreven activa.

---

[30] Gebaseerd op onderzoek van Forbes.

Hoeveel mensen zijn Bitcoin-miljardairs?

Het is moeilijk om te weten hoeveel miljardairs er zijn in de crypto-ruimte of zelfs maar binnen het cryptonetwerk, aangezien holdings vaak over meerdere accounts zijn verdeeld. Als we beurzen buiten beschouwing laten, zijn er echter twintig Bitcoin-adressen met het equivalent van $ 1 miljard of meer, en tachtig Bitcoin-adressen met het equivalent van $ 500 miljoen of meer.[31] Dit aantal kan gemakkelijk fluctueren, aangezien veel van de wallets ter waarde van $500 miljoen tot $1 miljard kunnen oplopen tot meer dan $1 miljard in overeenstemming met de fluctuatie van Bitcoin, en zoals eerder vermeld, houders die Bitcoin hebben verkocht of hun bezit hebben gesplitst, zijn niet inbegrepen. Dat gezegd hebbende, is het veilig om te zeggen dat ten minste twee dozijn accounts, en ten minste 1 dozijn mensen, meer dan $ 1 miljard dollar hebben verdiend door in Bitcoin te investeren. Tientallen anderen hebben honderden miljoenen of miljarden verdiend door te investeren in andere cryptocurrencies.

---

[31] "Top 100 rijkste Bitcoin-adressen en ...." https://bitinfocharts.com/top-100-richest-bitcoin-addresses.html.

Zijn er geheime Bitcoin-miljardairs?

Satoshi Nakamoto is het schoolvoorbeeld van een geheime en anonieme Bitcoin-miljardair. In de bovenstaande vraag (hoeveel mensen zijn Bitcoin-miljardairs?), kwamen we tot de conclusie dat minstens 1 dozijn mensen een miljard dollar hebben verdiend door in Bitcoin te investeren. Gezien dit aantal, en het feit dat het aantal populaire Bitcoin-miljardairs op één hand kan worden geteld (individuele mensen, exclusief bedrijven), is het vermoedelijk dat een paar Bitcoin-houders over de hele wereld Bitcoin-miljardairs zijn die uit de schijnwerpers zijn gebleven. Met die gedachte in gedachten ben je misschien op een gegeven moment je dag doorgekomen en heb je het pad gekruist met een geheime Bitcoin-miljardair.

Zal Bitcoin mainstream adoptie bereiken?

Dit is een interessante vraag. Momenteel gebruikt ongeveer 1% van de wereld Bitcoin, hoewel dit helemaal afwijkt tot 20% in plaatsen als Amerika en tot 0% in andere delen van de wereld. Om een cryptocurrency mainstream en massale acceptatie te laten bereiken, moet het een soort nut dienen. Over het algemeen hebben cryptocurrencies nut als waardeopslag; een methode om transacties uit te voeren, of als een raamwerk om netwerken en gedecentraliseerde organisaties op te bouwen. Bitcoin is verreweg de grootste en meest waardevolle cryptocurrency, maar het is eigenlijk niet de beste cryptocurrency in een van die categorieën. Dus hoewel Bitcoin Bitcoin is (net zoals je een goedkoper horloge zou kunnen kopen dan een Rolex dat beter past en er mooier uitziet, maar je gaat nog steeds voor Rolex) en het merk Bitcoin het ver heeft gebracht en zal brengen, is het onwaarschijnlijk dat het de permanente leider onder cryptocurrencies in de wereld zal zijn. Dat gezegd hebbende, gezien de merkwaarde en schaal, kan het zeker massale en reguliere acceptatie bereiken, gezien de huidige gebruikstrends en use-cases in de cryptocurrency-ruimte.

Wordt Bitcoin overgenomen door andere cryptocurrencies?

Ik zal verwijzen naar de bovenstaande vraag om deze te beantwoorden. Bitcoin, hoewel enorm in schaal en merk, is eigenlijk niet de beste in iets in de crypto-ruimte. Het is niet de beste waardeopslag, het is niet de beste voor het verzenden en ontvangen van geld, en het is niet het beste als raamwerk en netwerk voor cryptogebruikers om te werken en op voort te bouwen. Dus op korte termijn, gezien het pure merk Bitcoin en zijn monsterlijke marktkapitalisatie van $ 1 biljoen, is het onwaarschijnlijk dat het wordt overgenomen. Het is echter meer dan waarschijnlijk dat het binnen tientallen jaren of eeuwen door andere cryptocurrencies wordt gepasseerd als de waarde die het voedt uiteenvalt.

Kan Bitcoin veranderen van PoW?

Ja, Bitcoin kan zeker veranderen van een PoW (proof-of-work) systeem. Ethereum begon op PoW en zal naar verwachting eind 2021 overstappen op PoS (proof-of-stake). De overstap zal Ethereum veel minder energie-intensief en schaalbaarder maken. Een overgang als deze is zeker mogelijk voor Bitcoin en velen beschouwen een stap weg van PoW als onvermijdelijk.

Hoeveel mensen zijn Bitcoin-miljardairs?

Het is moeilijk om te weten hoeveel miljardairs er zijn in de crypto-ruimte of zelfs maar binnen het cryptonetwerk, aangezien holdings vaak over meerdere accounts zijn verdeeld. Als we beurzen buiten beschouwing laten, zijn er echter twintig Bitcoin-adressen met het equivalent van $ 1 miljard of meer, en tachtig Bitcoin-adressen met het equivalent van $ 500 miljoen of meer.[31] Dit aantal kan gemakkelijk fluctueren, aangezien veel van de wallets ter waarde van $500 miljoen tot $1 miljard kunnen oplopen tot meer dan $1 miljard in overeenstemming met de fluctuatie van Bitcoin, en zoals eerder vermeld, houders die Bitcoin hebben verkocht of hun bezit hebben gesplitst, zijn niet inbegrepen. Dat gezegd hebbende, is het veilig om te zeggen dat ten minste twee dozijn accounts, en ten minste 1 dozijn mensen, meer dan $ 1 miljard dollar hebben verdiend door in Bitcoin te investeren. Tientallen anderen hebben honderden miljoenen of miljarden verdiend door te investeren in andere cryptocurrencies.

---

[31] "Top 100 rijkste Bitcoin-adressen en ...." https://bitinfocharts.com/top-100-richest-bitcoin-addresses.html.

meer.[30] De uitgebreide klantenkring en producten die worden aangedreven door of gecentreerd rond blockchain, signaleren de voortzetting van blockchain in een kernaspect van internet en offline diensten. Met dit alles in gedachten is Bitcoin niet beperkt tot het hebben van een impact binnen cryptocurrencies, maar kan en zal het waarschijnlijk een tijdperk van blockchain inluiden. In termen van Bitcoin als de toekomst van geld en betalingen, is de belangrijke vraag hoe overheden reageren op de dreiging van Bitcoin en cryptocurrencies. Sommige, zoals China, kunnen hun eigen digitale valuta ontwikkelen. Sommigen, zoals El Salvador, kunnen Bitcoin wettig betaalmiddel maken. Anderen kunnen cryptocurrencies negeren of verbieden. Op welke manier regeringen ook reageren, het feit dat ze gedwongen zullen worden om te reageren, betekent dat Bitcoin het vlaggenschip was dat op de een of andere manier het financiële landschap van de wereld volledig zal veranderen door de succesvolle toepassing van digitale en blockchain-gedreven activa.

---

[30] Gebaseerd op onderzoek van Forbes.

Was Bitcoin de allereerste cryptocurrency?

Satoshi Nakamoto's beruchte Bitcoin-whitepaper werd uitgebracht in 2008 en Bitcoin zelf werd uitgebracht in 2009. Deze gebeurtenissen staan bekend als de eerste in hun soort; Dit is slechts ten dele waar.

Aan het eind van de jaren 1980 probeerde een groep ontwikkelaars in Nederland geld aan kaarten te koppelen om ongebreidelde gelddiefstal te voorkomen. Vrachtwagenchauffeurs gebruikten deze kaarten in plaats van contant geld; Dit is misschien wel het eerste voorbeeld van elektronisch geld.

Rond dezelfde tijd als het Nederlandse experiment bedacht de Amerikaanse cryptograaf David Chaum een overdraagbare en op tokens gebaseerde privé-valuta. Hij ontwikkelde zijn "verblindende formule" voor gebruik in encryptie en richtte het bedrijf DigiCash op, dat in 1988 failliet ging.

In de jaren 1990 probeerden meerdere bedrijven te slagen waar DigiCash dat niet had gedaan; de meest populaire daarvan was de PayPal van Elon Musk. PayPal introduceerde gemakkelijke P2Pbetalingen online en leidde tot de oprichting van een bedrijf genaamd e-gold, dat online krediet aanbood in ruil voor kostbare medailles (e-gold werd later door de overheid gesloten). Bovendien beschreven onderzoekers Stuart Haber en W. Scoot Stornetta in 1991 blockchain-technologie. Enkele jaren later, in 1997, gebruikte het Hashcash-project een proof of work-algoritme om nieuwe munten te genereren en te distribueren, en veel functies kwamen in het Bitcoin-protocol terecht. Een jaar later introduceerde ontwikkelaar Wei Dai (naar wie de kleinste benaming van Ether, een Wei, is vernoemd) het idee van een "anoniem, gedistribueerd elektronisch geldsysteem" genaamd B-geld. B-geld was bedoeld om een gedecentraliseerd netwerk te bieden waarmee gebruikers valuta konden verzenden en ontvangen; Helaas is het nooit van de grond gekomen. Kort na de B-money whitepaper lanceerde Nick Szabo een project genaamd Bit Gold, dat werkte op een volledig PoW (proof-of-work) systeem. Bit gold is in feite relatief vergelijkbaar met Bitcoin. Al deze projecten en tientallen andere leidden uiteindelijk tot Bitcoin; om deze reden kan niet worden gezegd dat Bitcoin de echte eerste was in veel van de concepten en technologieën die het aandrijven. Dat gezegd hebbende, Bitcoin is absoluut en ongetwijfeld het eerste grootschalige succes van alle technologieën die het aandrijven; elk bedrijf en project vóór Bitcoin had gefaald, maar Bitcoin steeg boven de rest uit en veroorzaakte een enorme wereldwijde verschuiving naar de technologieën en concepten waarop het voortbouwde.

Zal en kan Bitcoin ooit meer zijn dan een alternatief voor goud?

Bitcoin is al "meer" dan een alternatief voor goud; Het drijft en maakt een wereldwijd transactienetwerk mogelijk met veel minder wrijving dan goud. Bitcoin is echter veel meer vergelijkbaar met goud in het feit dat beide worden gezien als waardeopslag en een transactiemiddel. In dit opzicht zal Bitcoin waarschijnlijk nooit meer zijn dan een alternatief voor goud, omdat het alternatief binnen cryptocurrency een technologie en platform wordt zoals Ethereum, waarmee gebruikers de programmeertaal, soliditeit genaamd, kunnen gebruiken om dApps te creëren. Bitcoin is gewoon niet bedoeld om zoiets te doen, en hoewel het zeker meer nut heeft dan goud, is het enigszins getypeerd in de rol van een 'digitaal goud'.

Wat is de latentie van Bitcoin en is het belangrijk?

Latentie is de vertraging tussen het moment waarop een transactie wordt ingediend en het moment waarop het netwerk de transactie herkent; Kortom, latentie is de vertraging. De latentie van Bitcoin is erg hoog van opzet (in verhouding tot de 5-10 seconden tv-uitzendingen) om elke tien minuten een nieuw blok te produceren. Het verlagen van de latentie zou in wezen minder werk vergen om blokken te verifiëren, wat indruist tegen het ethos van PoW. Om deze reden mag de latentie van Bitcoin niet worden verlaagd. Dat gezegd hebbende, handelslatentie is een probleem voor beurzen en handelaren op beurzen (met name arbitragehandelaren); naarmate HFT (high frequency trading) en algoritmische handel zich op de cryptocurrency-markt begeven, zal latentie steeds belangrijker worden.

Median Confirmation Time

6.7 min

18.8 min

10.0 min

5.3 min

2.8 min

1.5 min

2009-02-02   blockchain.com/charts   2021-09-03   **32**

---

[32] Bron: blockchain.com

Wat zijn enkele Bitcoin-complottheorieën?

Bitcoin (en vooral Satoshi Nakamoto) is een rijpe omgeving voor complottheorieën; Voor de lol bekijken we er een paar. Beschouw het volgende als volledig fictief, zoals de meeste complottheorieën, en geen enkele is geloofwaardig:

1. *Bitcoin zou gemaakt kunnen zijn door de NSA of een andere Amerikaanse inlichtingendienst.* Dit is waarschijnlijk de meest voorkomende Bitcoin-samenzwering; het beweert dat Bitcoin is gemaakt door de Amerikaanse overheid en dat het niet zo privé is als we denken. In plaats daarvan heeft de NSA blijkbaar achterdeurtoegang tot het SHA-256-algoritme en gebruikt dergelijke toegang om gebruikers te bespioneren.

2. *Bitcoin zou een AI kunnen zijn.* Deze theorie stelt dat Bitcoin een AI is die zijn economische motief gebruikt om gebruikers te stimuleren zijn netwerk te laten groeien. Sommigen geloven dat een overheidsinstantie de AI heeft gemaakt.

3. *Bitcoin zou gemaakt kunnen zijn door vier grote Aziatische bedrijven.* Deze theorie is volledig gebaseerd op het feit dat de "sa" in Samsung, de "toshi" van Toshiba, de "naka" van Nakamichi en de "moto" van Motorola samen de naam

vormen van de mysterieuze oprichter van Bitcoin, Satoshi Nakamoto. Vrij solide bewijs voor deze.

Waarom volgen de meeste andere munten vaak Bitcoin?

Bitcoin is in wezen de reservevaluta voor cryptocurrencies, of vergelijkbaar met de Dow en S&P voor de aandelenmarkt. Ongeveer 50% van de waarde in de cryptocurrency-markt ligt uitsluitend bij Bitcoin, en Bitcoin is de meest gebruikte en bekendste cryptocurrency ter wereld. Om deze redenen zijn Bitcoin-handelsparen het meest gebruikte paar om Altcoins mee te kopen, wat de waarde van alle andere cryptocurrencies aan Bitcoin koppelt. Als Bitcoin daalt, wordt er minder geld in Altcoins gestoken, terwijl Bitcoin stijgt en er meer geld in Altcoins wordt gestoken. Om deze redenen volgen de meeste (niet alle) munten vaak (niet altijd) de algemene bullish/bearish trends van Bitcoin.

Wat is Bitcoin Cash?

Zoals eerder vermeld, heeft Bitcoin een schaalprobleem: het netwerk is simpelweg niet snel genoeg om de grote hoeveelheden transacties aan te kunnen die aanwezig zijn in een situatie van wereldwijde adoptie. In het licht hiervan heeft een collectief van Bitcoin-mijnwerkers en -ontwikkelaars in 2017 een hard fork van Bitcoin geïnitieerd. De nieuwe valuta, Bitcoin Cash (BCH) genaamd, verhoogde de blokgrootte (tot 32 MB in 2018), waardoor het netwerk meer transacties kon verwerken dan Bitcoin, en sneller. Hoewel BCH niet van plan is om Bitcoin te vervangen of in de buurt te komen van het vervangen van Bitcoin, is het een alternatief dat een groot probleem heeft opgelost, en de vraag hoe de originele Bitcoin hetzelfde probleem zal oplossen, moet nog worden opgelost.

[33]

[33] Georgstmk / CC BY-SA 4.0

Hoe zal Bitcoin handelen tijdens een recessie?

Bitcoin heeft een grote kans om goed te presteren tijdens een recessie, hoewel dit geen sluitend antwoord is; Bitcoin is ontstaan uit de huizencrisis van 2008, maar heeft sindsdien nog geen aanhoudende en grote economische neergang meegemaakt (COVID telt niet mee). In veel opzichten dient Bitcoin als een digitaal equivalent van goud, en goud heeft historisch gezien goed gepresteerd tijdens recessies (met name van 2007 tot 2012), en de schaarste en gedecentraliseerde aard van Bitcoin zou het een veilige haveninvestering kunnen maken tijdens een recessie, een die niet onderworpen zou zijn aan de controle van regeringen over fiat-valuta's en het inflatoire monetaire systeem van de wereld. Er moet ook worden opgemerkt dat Bitcoin historisch gezien is gestegen tijdens kleinschalige crises: Brexit, de Congrescrisis van 2013 en COVID. Dus, zoals eerder beweerd, zal Bitcoin waarschijnlijk goed presteren tijdens een recessie (tenzij een recessie zo erg wordt dat mensen gewoon geen geld hebben om te investeren, in welk geval Bitcoin, evenals alle activa, weinig kans hebben om iets anders te ervaren dan rood). Hoe dan ook, in het geval van een recessie zullen de meeste andere cryptocurrencies dan Bitcoin (vooral kleinere altcoins) zeker enorme verliezen lijden; De meeste zullen praktisch van de kaart worden geveegd. Een dergelijk scenario zou een enorme filtergebeurtenis zijn voor altcoins, wat zeer gezond is voor de algehele markt.

Kan Bitcoin op de lange termijn overleven?

Waar rekening mee moet worden gehouden, is in hoeverre Bitcoin op de lange termijn zal overleven; en in welke mate adoptie en gebruik zal groeien. Hoe dan ook, Bitcoin zal de komende decennia op enige schaal bestaan; de kans dat het de komende eeuwen op grote schaal blijft bestaan, is onwaarschijnlijk gezien de nieuwere concurrentie en Bitcoin-alternatieven. Toch zou het zeker de beste cryptocurrency kunnen blijven zolang er cryptocurrencies zijn (vooral als upgrades, zoals het verlichtingsnetwerk, worden geïmplementeerd); De voorafgaande waarschijnlijkheid is puur gebaseerd op het feit dat de eerste in zijn soort meestal niet de beste in zijn soort is, en dat de meeste valuta's door de geschiedenis heen niet (op grote schaal) een aanzienlijk deel van de tijd meegaan.

Wat is het einddoel van Bitcoin en crypto's?

De eindvisie van cryptocurrency bereikt het volgende:

1. Specifiek voor Bitcoin, om gebruikers in staat te stellen op een veilige manier geld via internet te verzenden zonder afhankelijk te zijn van een centrale instelling, in plaats daarvan te vertrouwen op cryptografisch bewijs.

2. Elimineer de behoefte aan tussenpersonen en verminder wrijving in toeleveringsketens, banken, onroerend goed, recht en andere gebieden.

3. Elimineer de gevaren waarmee de inflatoire omgeving van fiat-valuta's wordt geconfronteerd (in termen van overheidscontrole sinds fiat-valuta's van de goudstandaard zijn gehaald).

4. Maak volledig veilige controle over persoonlijke bezittingen mogelijk zonder afhankelijk te zijn van externe instellingen.

5. Maak blockchain-oplossingen mogelijk op medisch, logistiek, stem- en financieel gebied, naast waar dergelijke oplossingen ook van toepassing kunnen zijn.

Is Bitcoin te duur om als cryptocurrency te gebruiken?

De absolute prijs is grotendeels irrelevant voor cryptocurrencies (evenals voor aandelen, zoals ik in andere boeken heb geschreven). Hoewel dit antwoord elders in de handelsregels is behandeld, zal ik het relevante gedeelte hieronder samenvatten:

Aangezien het aanbod en de initiële prijs beide kunnen worden vastgesteld/gewijzigd, is de prijs zelf grotendeels irrelevant zonder context. Alleen omdat Binance Coin (BNB) op $ 500 staat en Ripple (XRP) op $ 1,80, wil nog niet zeggen dat XRP 277x de waarde van BNB waard is; De twee munten bevinden zich momenteel binnen 10% van elkaars marktkapitalisatie. Wanneer een cryptocurrency voor het eerst wordt gemaakt, wordt het aanbod bepaald door het team achter het activum. Het team kan ervoor kiezen om 1 biljoen munten te maken, of 10 miljoen. Als we terugkijken op XRP en BNB, kunnen we zien dat Ripple ongeveer 45 miljard munten in omloop heeft en Binance Coin 150 miljoen. Op deze manier doet de prijs er niet echt toe. Een munt van $ 0,0003 kan meer waard zijn dan een munt van $ 10.000 in termen van marktkapitalisatie, circulerend aanbod, volume, gebruikers, nut, enz. De prijs is nog minder belangrijk vanwege de komst van fractionele aandelen, waarmee beleggers elk bedrag in een munt of token kunnen investeren, ongeacht de prijs. De enige grote impact van de prijs ligt in de psychologische impact, die moet worden onderzocht tijdens het handelen in Bitcoin en altcoins.

Hoe populair is Bitcoin?

Ten minste 1,3% van de wereld bezit momenteel Bitcoin, wat, rekening houdend met de half miljard Bitcoin-adressen die er zijn, het behoorlijk populair maakt. Dit aantal omvat 46 miljoen Amerikanen, dat is 14% van de bevolking en 21% van de volwassenen,[34] terwijl uit een ander onderzoek bleek dat 5% van de Europeanen Bitcoin bezit.[35] Opvallender is echter de exponentiële stijging. In 2014 bestonden er

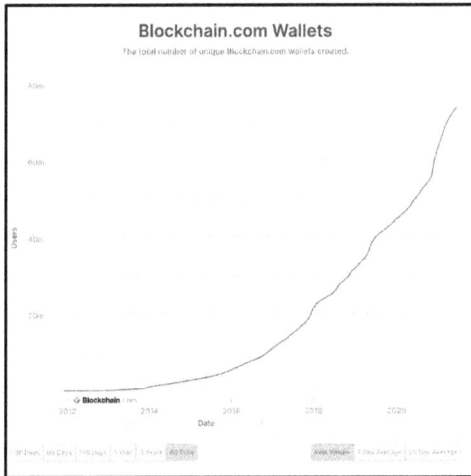

Blockchain.com Wallets
The total number of unique Blockchain.com wallets created.

minder dan een miljoen Bitcoin-wallets, wat neerkomt op een toename van 75x sindsdien en een groeipercentage van 10x (1.000%)

---

[34] "Demografische statistieken van de Verenigde Staten ...."
https://www.infoplease.com/us/census/demographic-statistics.
[35] "• Grafiek: hoeveel consumenten bezitten cryptocurrency? | Statista." 20 augustus 2018, https://www.statista.com/chart/15137/how-many-consumers-own-cryptocurrency/.

per   jaar.

[36]Dergelijke trends lijken niet te stoppen, en de groei trekt alleen maar

aan. Dus, samengevat, Bitcoin is opmerkelijk populair en zal

waarschijnlijk het omslagpunt van massale acceptatie bereiken in de

komende decennia.

---

[36] "Blockchain.com." https://www.blockchain.com/. Geraadpleegd op 9 juni 2021.

Boeken

- Bitcoin onder de knie krijgen – Andreas M. Antonopoulos
- Het internet van geld - Andreas M. Antonopoulos
- De Bitcoin-standaard – Saifedean Ammous
- Het tijdperk van cryptocurrency - Paul Vigna
- Digitaal goud – Nathaniel Popper
- Bitcoin-miljardairs - Ben Mezrich
- De basisprincipes van Bitcoins en blockchains - Antony Lewis
- Blockchain-revolutie - Don Tapscott
- Crypto-activa - Chris Burniske en Jack Tatar
- Het tijdperk van cryptocurrency - Paul Vigna en Michael J. Casey

Uitwisselingen

- Binance - binance.com (binance.us voor inwoners van de VS)
- Coinbase – coinbase.com
- Kraken – kraken.com
- Cryptovaluta – crypto.com
- Tweelingen – gemini.com
- eToro – etoro.com

Podcasts en podcasts

- Wat Bitcoin deed door Peter McCormack (Bitcoin)
- Untold Stories (vroege verhalen)
- Ontketend door Laura Shin (interviews)
- Baselayer door David Nage (discussies)
- De afbraak door Nathaniel Whittemore (kort)
- Crypto Campfire Podcast (ontspannen)
- Ivan op Tech (updates)
- HASHR8 door Whit Gibbs (technisch)
- Meningen zonder voorbehoud door Ryan Selkis (interviews)

Nieuwsdiensten

- CoinDesk – coindesk.com
- CoinTelegraph – cointelegraph.com
- VandaagOnChain – todayonchain.com
- NieuwsBTC – newsbtc.com
- Bitcoin Magazine – bitcoinmagazine.com
- Crypto Leisteen – cryptoslate.com
- Bitcoin.com – news.bitcoin.com
- Blockonomi – blockonomi

Diensten voor het in kaart brengen

- TradingView – tradingview.com
- CryptoView – cryptoview.com
- Altrady – Altrady.com
- Coinigy – Coinigry.com
- Muntenhandelaar - Cointrader.pro
- CryptoWatch – Cryptowat.ch

YouTube-kanalen

- Benjamin Cowen

  Hatps://vv.youtube.com/channel/ukrvak-ux-w0soig

- Kantoor Hoek

  Hatps://vv.youtube.com/c/koinbureyu

- Vliegen

  https://www.youtube.com/c/Forflies

- DataDash (Engelstalig)

  Hatps://vv.youtube.com/c/datadash

- Sheldon Evans

  Hatps://vv.youtube.com/c/sheldonevan

- Antoon Pompliano

  Hatps://vv.youtube.com/channel/usevspell8knynav-nakz4m2w

.. Doelsteen

https://www.youtube.com/channel/UC7S9sRXUBrtF0nKTv
LY3fwg/abou t

.. Leeuwerik Davis

Hatps://vv.youtube.com/channel/ucl2okaw8hdar_kbkidd2kal
ia

.. Altcoin Dagelijks

https://www.youtube.com/channel/UCbLhGKVY-

bJPcawebgtNfbw